C语言
程序设计基础教程

主　编　陈桂英　李晶晶

副主编　杨裴裴　李胜岚　乔阳阳

北京理工大学出版社
BEIJING INSTITUTE OF TECHNOLOGY PRESS

内 容 简 介

本书重点突出。第一章主要介绍变量的定义格式、变量本质、变量的使用、输入函数 scanf()和输出函数 printf()的简单用法；第二章主要介绍结构化程序设计方法；第三章主要介绍各种流程控制语句的使用格式；第四章主要介绍数组的定义格式和使用方法；第五章主要介绍函数的定义方法和函数调用过程；第六章主要介绍指针定义、指针本质和指针在不同情况下的使用方法；第七章主要介绍使用结构体类型的原因、结构体的定义格式和结构体的使用方法；第八章主要介绍文件指针定义、读写文件的方法和文件中指针的操作方法。

作者根据多年的教学经验，选择具有趣味性、实际性和代表性的例题。教材内容安排合理，由简入深，从简单程序引入，提高学生兴趣，重点明确，针对性强，重点介绍“数据结构”和“Java 程序设计”等后继课程所用到的知识。

本书针对 C 语言程序设计操作性强的特点，以项目为载体，重视操作，弱化语法。本书重点介绍编写程序的方法，即结构化程序设计方法，对每个例题首先介绍解题思路，然后编写代码，书中的代码都能直接在 VC6.0 平台上运行。

图书在版编目（CIP）数据

C 语言程序设计基础教程 / 陈桂英，李晶晶主编. —北京：北京理工大学出版社，2018.8（2023.1重印）

ISBN 978-7-5682-6066-4

Ⅰ. ①C… Ⅱ. ①陈… ②李… Ⅲ. ①C 语言－程序设计－高等学校－教材 Ⅳ. ①TP312.8

中国版本图书馆 CIP 数据核字（2018）第 182544 号

出版发行 / 北京理工大学出版社有限责任公司
社　　址 / 北京市海淀区中关村南大街 5 号
邮　　编 / 100081
电　　话 /（010）68914775（总编室）
82562903（教材售后服务热线）
68944723（其他图书服务热线）
网　　址 / http://www.bitpress.com.cn
经　　销 / 全国各地新华书店
印　　刷 / 廊坊市印艺阁数字科技有限公司
开　　本 / 787 毫米×1092 毫米 1/16
印　　张 / 11
字　　数 / 260 千字
版　　次 / 2018 年 8 月第 1 版 2023 年 1 月第 5 次印刷
定　　价 / 27.50 元

责任编辑 / 钟 博
文案编辑 / 钟 博
责任校对 / 周瑞红
责任印制 / 李志强

图书出现印装质量问题，请拨打售后服务热线，本社负责调换

序

德是育人的灵魂统帅，是一个国家道德文明发展的体现。坚持“育人为本、德育为先”的育人理念，把“立德树人”作为教育的根本任务，为郑州工商学院校本教材建设指引方向。

立德树人，德育为先。教材编写应着眼于促进学生全面发展，创新德育形式，丰富德育内容，将习近平新时代中国特色社会主义思想渗透于教材各个章节，引导广大学生努力成为有理想、有本领、有担当的人才，使他们像习近平总书记在“十九大”报告中所要求的那样：“坚定理想信念，志存高远，脚踏实地，勇于做时代的弄潮儿”。

立德为先，树人为本。要培养学生的创新创业能力，强化创新创业教育。要以培养学生的创新精神、创业意识与创业能力为核心，以培养学生的首创精神与冒险精神、创业能力和独立开展工作的能力为教育指向，改革教育内容和教学方法，突出学生的主体地位，注重学生的个性化发展，强化创新创业教育与素质教育的充分融合，把创新创业作为重要元素融入素质教育。

郑州工商学院校本教材注重引导学生积极参与教学活动过程，突破教材建设过程中过分强调知识系统性的思路，把握好教材内容的知识点、能力点和学生毕业后的岗位特点。编写以必需和够用为度，适应学生的知识基础和认知规律，深入浅出，理论联系实际，注重结合基础知识、基本训练以及实验实训等实践活动，培养学生分析、解决实际问题的能力，提高学生的实践技能，突出技能培养目标。

前　言

自接到学院自编校本教材立项通知开始，我们这些计算机专业的老师就有了编写一本符合我校学生实际学习情况的 C 语言类教材的想法。

因从事一线教学多年，对于计算机专业课程体系前后衔接是否合理，大家还是有一些自己的看法的。尤其是针对计算机科学技术专业和计算机网络专业来说，大一的时候学生要学习“C 语言程序设计”课程，原有的教材，无论简单的还是复杂的，其内容都是面面俱到，尽管教材编得“看起来”很完美，但鉴于课时有限，讲课时无法做到大删大减，讲得特别多、特别快，老师辛苦，学生学得很累，但学习效果并不理想。等到大二时学生学习“数据结构”课程，用到 C 语言方面的知识特别多，比如结构体、数组、函数调用等，而这些内容在大一时学得又不扎实，导致后期“数据结构”课程也是学得一塌糊涂。鉴于这种情况，我们编写的 C 语言教材对于 C 语言知识的基础部分进行弱化，这部分内容以学生自学为主，以老师讲解为辅。这部分属于识记类知识，对于程序结构部分主张多练，熟练掌握分支结构、循环结构的用法，对于循环，建议最多掌握双重循环。函数、结构数组属于老师重点讲解，学生理解概念、熟练应用的知识，这部分知识也是为后续学习“数据结构”做准备。

本书由陈桂英、李晶晶任主编，由杨裴裴、李胜岚、乔阳阳任副主编。各章节编写分工如下：第一章由李胜岚编写、第二章和第五章李晶晶编写，第三章和第四章由杨裴裴编写，第六章由乔阳阳编写，第七章和第八章由陈桂英编写。全书由陈桂英修改定稿。

本书不仅可以作为应用型本科的 C 语言类程序教材，还可以作为全国计算机等级考试的参考书，也可以作为 C 语言学习的入门参考书。

当然，我们编写教材的经验不足，书中还有很多不足之处。在今后的实践教学中我们会对本书进一步修订、整改。

编　者

CONTENTS 目录

C语言程序设计入门

学习目标

（1）初步认识C语言，了解C语言的特点；

（2）了解C语言程序的构成；

（3）掌握常量和变量的基本知识；

（4）掌握基本的输入和输出操作；

（5）学会在Visual C++ 6.0环境下编写执行源程序。

第一节　C语言学习之由

一、C语言概述

早期的C语言主要用于UNIX系统。C语言由于其强大的功能和各方面的优点而逐渐为人们认识，到了20世纪80年代，C语言开始进入其他操作系统，并很快在各类大、中、小和微型计算机上得到了广泛的使用，成为当代最优秀的程序设计语言之一。

（一）C语言的发展

C语言的发展源于人们希望有一种语言既有高级语言使用方便的优点，又有低级语言能够直接操作计算机硬件的优点。总的来说，C语言的发展过程可粗略地分为三个阶段：1970—1973年为诞生阶段；1973—1988年为发展阶段；1988年以后为成熟阶段。

（1）诞生阶段：1963年，英国剑桥大学在ALGOL60的基础上推出了CPL语言，由于CPL语言难以实现，剑桥大学的M.Richards对CPL语言作了简化和改进，推出了BCPL语言。1970年，K.Thompson对BCPL语言作了进一步简化，设计出了B语言。1972年，D.M.Ritchie在B语言的基础上设计出了C语言。

（2）发展阶段：1977 年，D.M.Ritchie 发表了不依赖具体机器的 C 语言编译文本《可移植 C 语言编译程序》，大大简化了 C 语言移植到其他机器时所需的工作，并推动了 UNIX 操作系统在各种机器上的实现。1978 年以后，C 语言迅速成为世界上应用最广泛的程序设计语言。

（3）成熟阶段：1983 年，美国国家标准化协会对 C 语言进行发展和扩充，制定出 ANSI C 标准。1987 年，ANSI 公布了 C 语言的新标准 87ANSI C。之后 C 语言风靡全世界，成为世界上应用最广泛的几种计算机语言之一。

（二）C 语言的特点

C 语言之所以能长期存在和发展，并具有强大的生命力，与其具有以下特点是分不开的：

（1）简洁紧凑、灵活方便：C 语言一共只有 32 个关键字、9 种控制语句，程序书写自由，主要用小写字母表示。它把高级语言的基本结构和语句与低级语言的实用性结合起来。

（2）运算符丰富：C 的运算符的范围很广泛，共有 34 个运算符。C 语言把括号、赋值、强制类型转换等都作为运算符处理，从而使运算类型极其丰富，表达式类型多样，灵活使用各种运算符可以实现在其他高级语言中难以实现的运算。

（3）数据结构丰富：C 语言的数据类型有：整型、实型、字符型、数组类型、指针类型、结构体类型、共用体类型等。它们能用来实现各种复杂的数据类型的运算。C 语言还引入了指针概念，使程序效率更高。另外 C 语言具有强大的图形功能，支持多种显示器和驱动器，且计算功能、逻辑判断功能强大。

（4）C 语言是结构式语言：结构式语言的显著特点是代码及数据的分隔化，即程序的各个部分除了必要的信息交流外彼此独立。这种结构化方式可使程序层次清晰，便于使用、维护以及调试。

（5）C 语言的语法限制不太严格、程序设计自由度大：一般的高级语言语法检查比较严，能够检查出几乎所有的语法错误，而 C 语言允许程序编写者有较大的自由度。

（6）C 语言允许直接访问物理地址，可以直接对硬件进行操作：C 语言既具有高级语言的功能，又具有低级语言的许多功能，能够像汇编语言一样对位、字节和地址进行操作。

（7）C 语言程序生成代码质量高，程序执行效率高：C 语言程序一般只比汇编程序生成的目标代码的效率低 10%～20%。

（8）C 语言的适用范围大，可移植性好。

二、C 语言的作用与地位

C 语言是高效语言，它最贴近底层，最具有效率。C 语言在操作系统、工具软件、图形图像处理软件、数值计算、人工智能以及数据库系统等多个领域都得到了广泛的应用。许多开发工具，如微软的 Visual C++和 C#以及 Java 等都遵循标准 C 语言的基本语法，很多嵌入式系统都采用 C 语言来开发。近年来 C 语言在 TIOBE 编程语言的排行榜中名列前茅。

第二节 简单C语言程序

一、简单C语言程序示例

为了说明C语言源程序结构的特点，先看以下几个程序，可以从这些例子中了解C语言源程序的基本部分和书写格式。

【例 1-1】 在屏幕上输出“hello,world!”。

```
/*  例 1-1 源程序，在屏幕上输出字符串  */
# include<stdio.h>
/*定义名为 main 的函数，它不接受实参值*/
void main()
{
  printf("hello,world!\n");
}
```

在屏幕上显示如下信息：

```
hello,world!
```

光标停留在字符串的下一行。

程序说明：

（1）注释：程序代码中位于“/*”与“*/”之间的字符序列称为注释，其用来解释程序或者语句的作用。注释在编译中将被编译器过滤，对程序本身并没有作用，加上注释的目的是增强程序的可读性。在一个标准的C语言程序中，注释是非常重要的一个组成部分。初学者应重视对注释的使用，养成良好的编程习惯。

（2）“#include<stdio.h>”：这里的“#include”称为文件包含命令，其意义是把尖括号（<>）内指定的文件包含到本程序中，成为本程序的一部分。被包含的文件通常是由系统提供的，其扩展名为“.h”，常称为头文件或者首部文件。如果使用了系统提供的库函数，一般应在文件的开始用“#include”命令将被调用的库函数信息包含到本文件中。本例中使用“#include<stdio.h>”是因为调用了标准输入/输出库中的printf()函数。

（3）main()函数：在所有可执行的C语言代码中，唯一必不可少的部分是main()函数。在最简单的情况下，main()函数由名称（main）、包含void的一对圆括号“()”组成。对于大部分编译器，省略单词void程序仍能够正常运行。ANSI标准规定，应该包括单词void，以便知道没有给main()函数传递任何信息。因此，上述main()函数可写为main(void)的形式。

（4）一对花括号“{}”括住的部分称为函数体。

（5）printf()函数是一个格式化输出库函数。在本例中，printf()函数用于在命令提示符窗口按原样显示双引号内的字符序列“hello,world!”（不包括双引号）。用双引号括住的字符序列称作字符串。

（6）显示内容中的字符序列“\n”是一个换行符，用于控制从下一行的最左边位置开始显示其后续的字符。“\n”只表示一个字符，注意不能把它看成“\”和“n”这两个符号。具有这种特征的字符称为转义字符，除“\n”之外，还有表示制表符的“\t”、表示退格符的

"\b"等。

【例 1-2】 输入两个整数，求它们的和。

```
#include<stdio.h>
void main()
{
    int x,y,sum;                        /*定义整型变量 x,y,sum*/
    printf("请输入 x 和 y 的值\n");     /*输出双引号里面的内容*/
    scanf("%d%d",&x,&y);                /*输入 x 和 y 的值*/
    sum = x+y;                          /*将 x+y 的值赋给 sum*/
    printf("x+y=%d\n",sum);             /*输出结果*/
}
```

程序的运行结果如下：

```
输出 x 和 y
10 20
x+y=30
```

程序说明：

（1）变量说明：本例的主函数体中包含两部分，一是声明部分，二是执行部分。声明部分声明了函数所用变量的类型，声明语句由一个类型名与若干变量名组成。本例中声明的类型是 int，即整型，变量名是 x、y 和 sum 三个，详细讲解请参考本章第三节。

（2）赋值表达式：在 C 语言中，"=" 称为赋值号，其含义不同于数学中的等号，而是将其右边的表达式的值赋给左边的变量。

（3）算术表达式：C 语言中的算术运算符包括加法运算符（+）、减法运算符（-）、乘法运算符（*）、除法（/）运算符和求模运算符（%）。本例中使用了加法运算符。详细讲解可参考第三章。

（4）格式输出：本例中的 printf()函数具有两个参数，第一个参数是要打印的字符串，其中第二个参数是输出值参数表，其可以是常量、变量和表达式，它们之间用逗号隔开，输出值的数据类型和个数与格式转换符匹配。"%d" 是格式控制符，用于规定对应输出项的输出格式。"d" 指示按整型数输出。

（5）格式输入：本例中 scanf()函数表示输入，用于按整型格式将输入的数据存入 x 和 y 中。scanf()函数的一般格式为：scanf（"格式控制字符串"，参数地址表）。

二、C 语言程序的构成

一个完整的 C 语言程序可以由一个或多个源文件组成。每个源文件由函数、编译预处理命令以及注释三部分组成。C 语言程序的一般形式如下：

```
编译预处理命令
函数
{
C 语言语句;
}
```

（一）编译预处理命令

程序中以“#”号开头的命令行，是编译预处理命令，一般放在程序的最前面。不同的编译预处理命令完成不同的功能。如“#include<stdio.h>”命令的作用是将特定目录下的“stdio.h”文件嵌入源程序中。

（二）函数

一个完整的C语言程序可以由一个或多个函数组成，其中主函数main()必不可少，且只能有一个主函数。C语言程序执行时，总是从主函数main()开始，回到main()函数结束。与main()函数在整个程序中的位置无关。

main()函数的结构形式如下：

```
函数类型 main()
{
    定义部分;
    执行部分;
}
```

其中：

（1）函数类型指的是main()函数的返回值的类型，若无返回值，可定义为空类型，即void类型。

（2）函数体是函数首行下面花括号对中的内容。如果函数内有多个花括号，则最外层的一对花括号为函数体的范围。函数体由各类语句组成，执行时按语句的先后次序依次执行，各语句用分号“;”结果。

（三）注释

注释不是程序部分，在程序执行时不起任何作用，其作用是增加程序的可读性，方便别人阅读或自己回顾。C语言的两种注释方法如下：

（1）/*注释内容*/：适用于注释多行，“/*”和“*/”之间的内容即注释。

（2）//注释内容：适用于注释单行，“//”后面的部分（行）即注释。

其中“注释内容”可以是汉字或西文字符。

（四）C程序的书写规则

从书写清晰，便于阅读、理解、维护的角度出发，在书写程序时应遵循以下规则：

（1）一个说明或一个语句占一行。

（2）用{}括起来的部分通常表示程序的某一层次结构。{}一般与该结构语句的第一个字母对齐，并单独占一行。

（3）低一层次的语句或说明可比高一层次的语句或说明缩进若干空格后书写，以便看起来更加清晰，增加程序的可读性。

第三节　标识符、常量和变量

一、标识符

C 语言的标识符是一个字符序列，用于表示常量、变量、用户自定义的数据类型或函数的名称。C 语言标识符的命名规则如下：

（1）标识符由字母、数字和下划线组成，其中第一个字符必须是字母或下划线。

（2）标识符不能使用系统保留的关键字。

（3）C 语言中标识符区分大小写。

（4）自定义标识符最好取具有一定意义的字符串，以便于记忆和理解。

二、常量

在程序运行过程中，其值不会发生改变的量称为常量。在 C 语言中常量分为整型、实型、字符、字符串和符号等。

（一）整型常量

整型常量有 3 种形式表示。

1. 十进制整型常量

十进制整型常量由正、负号和 0～9 组成，且第一个数码不能是 0。

如：200、-1、0 都属于十进制整型常量，而 011 不是。

2. 八进制整型常量

八进制整型常量由正、负号和 0～7 组成，且第一个数码必须是 0。

如：011、-020 都属于八进制整型常量。

3. 十六进制整型常量

十六进制整型常量由正、负号和数码 0～9、a～f 或 A～F 组成，且要有前缀 0x 或 0X。

如：0x220、0x18 等都属于十六进制整型常量。

另外，整型常量按长度划分为两种：短整型和长整型（后缀为小写字母 l 或大写字母 L），其中默认为短整型。

（二）实型常量

实型常量只能用十进制形式表示。它有两种形式：小数形式和指数形式。

1. 小数形式

小数形式由正负号、0～9 的数字和小数点组成。小数点前面和后面可以没有数字（不能同时省略）。如：-1.85、0.24、-11 都属于小数形式。

2. 指数形式

指数形式由正、负号、数字、小数点和指数符号 e 或 E 组成。其一般形式为 aEn。其中 a 为十进制数，n 为十进制整数（n 为正数时“+”可以省略），其值为 $a\times10^n$。

如：1.236e+2 表示 1.236×10^2。

（三）字符常量

1. 字符常量

字符常量指单个字符，用一对单引号将其括起。例如：'A'、'a'、'0'、'$'是字符常量，它们分别表示字母 A、a 和数字字符 0 以及符号$。每个字符在内存中占 1 个字节。

字符型数据可以参加运算，均以该字符对应的 ASCII 码参加运算。如，字符'a'的 ASCII 码为 97，表达式“'a'+1”的值为 98，对应字母为'b'。

2. 转义字符

有些字符如回车、退格等是无法在屏幕上显示的，这些字符可以采用转义字符的形式来表示。常用转义字符见表 1-1。

表 1-1　常用的 C 语言转义字符

字 符 形 式	所表示字符
\n	换行
\t	横向跳格
\b	退格
\\	反斜杠字符“\”
\'	单引号字符
\"	双引号字符

（四）字符串常量

字符串常量是由一对双引号（" "）括起来的字符序列。例如：

```
"hello"          长度为 5
"hello world! "  长度为 12
"a"              长度为 1
```

字符串中的字符个数称为字符串的长度。不包括任何字符的字符串叫作空字符串，长度为 0。

（五）符号常量

符号常量是指用一个标识符代表的一个常量，C 语言中用#define 来定义一个符号常量。符号常量一般用大写字母来表示。例如：通过使用

```
#define PI 3.1415926
```

定义一个符号常量 PI，在预编译程序时将代码中所有的 PI 都用 3.141 592 6 来代替。

三、变量

在程序运行过程中，其值可以改变的量称为变量。变量在内存中占一定的存储空间，用来存放数据。程序中用到的所有变量都必须有一个名字作为标识，变量的名字由用户定义。在 C 语言中变量必须先定义，再使用。

（一）变量的定义与初始化

1. 变量的定义

变量定义的一般格式为：

数据类型标识符　变量名1[,变量名2,变量名3,…,变量名n];

其中，[]表示可选项。

例如：

```
int a;           /*定义a为整型变量*/
int b,c;         /*定义b和c为整型变量*/
float x,y,z;     /*定义x、y、z为单精度实型变量*/
```

2. 变量的初始化

在定义变量的同时可以给变量赋初值，称为变量的初始化。

变量初始化的一般格式为：

数据类型标识符　变量名1=常量1[,变量名2=常量2,…,变量名n=常量n];

例如：

```
int b=1,c=2;         /*定义b和c为整型变量，同时为b，c分别赋初值1、2*/
float x=0,y=0,z=0;   /*定义x、y、z为单精度实型变量，同时为x、y、z都赋初值0*/
```

（二）变量的分类

在C语言中，变量通常分为三种：整型变量、实型变量以及字符变量。

1. 整型变量

变量在内存中都占据一定的存储长度，随存储长度的不同，变量所表示的数值范围也不同。表1-2列出了Visual C++ 6.0规定的整数类型和取值范围。

表1-2　整型变量类型

符　号	数据类型	类型标识符	所占字节数	取值范围
带符号	整型	int	4	−2 147 483 648～2 147 483 647
	短整型	short（或short int）	2	−32 768～32 767
	长整型	long（或long int）	4	−2 147 483 648～2 147 483 647
无符号	整型	unsigned（或unsigned int）	4	0～4 294 967 295
	短整型	unsigned short	2	0～65535
	长整型	unsigned long	4	0～4 294 967 295

2. 实型变量

实型变量通常分为单精度型（float）、双精度型（double）和长双精度型（long double）3种，实型变量的相关信息见表1-3。

表1-3　实型变量类型

类型名	类型标识符	所占字节数	有效数字	取值范围
单精度	float	4	6～7	-3.4×10^{-38}～$+3.4\times10^{-38}$
双精度	double	8	15～16	-1.7×10^{-308}～$+1.7\times10^{-308}$
长双精度	long double	16	18～19	-1.2×10^{-4932}～$+1.2\times10^{-4932}$

3. 字符变量

字符变量用来存放字符数据，同时只能存放一个字符。一个字符变量在内存中占 1 个字节。字符型变量用关键字 char 进行定义，在定义的同时也可以初始化。例如：

```
char c1,c2;
char ch='A';
```

【例 1-3】 读下面的程序并写出它的运行结果。

```
#include <stdio.h>
void main()
{
    char c1,c2;
    c1='A';
    c2 = c1+1;
    printf("%c,%c\n",c1,c2);
    printf("%d,%d\n",c1,c2);
}
```

程序的运行结果如下：

```
A,B
65,66
```

分析：C 语言允许字符数据与整数直接进行运算，即“'A'+1”可以得到整数 66，而 66 正是 B 所对应的 ASCII 码值，所以按字符格式输出为 B，按整数格式输出为 66。

第四节 基本输入/输出操作

在程序运行过程中，有时需要从计算机向外部输出设备（如显示器、打印机等）输出数据，该操作通常称为“输出”，而从输入设备（如键盘、扫描仪等）向计算机输入数据称为“输入”。

在 C 语言程序中，数据的输入和输出是通过调用格式输入函数 scanf()和格式输出函数 printf()来实现的。

一、字符的输入和输出

（一）字符的输入

字符的输入用函数 getchar()来实现，当程序执行到 getchar()函数时，将等待用户从键盘上输入一个字符，并将这个字符作为函数结果值返回。具体格式如下：

```
getchar();
```

getchar 只能接受一个字符，且可以将得到的字符赋给一个字符变量或整型变量，也可以不赋给任何变量，作为表达式的一部分。

（二）字符的输出

字符的输出用函数putchar()来实现，puchar()函数用于向终端输出一个字符。具体格式如下：

```
putchar(字符型表达式);
```

其中，字符型表达式可以是一个字符变量或字符常量、整型变量、整型常量或转义字符。

【例 1-4】 读下面的程序并写出它的运行结果。

```
#include<stdio.h>
void main()
{
  char c1,c2;
  c1='o';
  c2='r';
  putchar(87);          /*输出字母 W，对应的 ASCII 码值为 87（十进制）*/
  putchar(c1);          /*输出字母 o*/
  putchar(c2);          /*输出字母 r*/
  putchar('l');         /*输出字母 l*/
  putchar(100);         /*输出字母 d,对应的 ASCII 码值为 100（十进制）*/
  putchar('\n');        /*换行*/
}
```

程序的运行结果如下：

```
World
```

二、格式化输入和输出

getchar()和 putchar()两个函数仅能输入或输出单个字符，当要输入或输出一个或者多个任意类型的数据时，就不能满足需求。此时，就需要用格式化输入和输出。

（一）格式输出函数

程序要按指定的格式组织输出，可调用格式输出函数 printf()，格式输出函数基本上有两种使用形式。

1. 原样输出格式

基本格式为：

```
printf("要输出的字符串");
```

2. 输出变量的值

基本格式为：

```
printf("格式控制字符串",输出列表);
```

（1）格式控制字符串。格式控制字符串可以是下列两种形式的组合：

非格式字符：原样输出的其他字符。

格式说明字符：格式说明字符的一般形式为：

```
%[附加格式说明符]格式符
```

其中，常用的格式符见表 1-4，附加格式说明符见表 1-5。

表 1-4　printf()函数的常用格式符

格式符	功能
d	输出带符号的十进制整数
o	输出无符号的八进制整数
X、x	输出无符号的十六进制整数
u	输出无符号的十进制整数
c	输出单个字符
s	输出一串字符
f	输出实数
%%	输出百分号本身

表 1-5　printf()函数的常用附加格式说明符

附加格式说明符	功能
-	数据左对齐输出，无“-”时默认为右对齐输出
m（m 为正整数）	数据输出宽度为 m，如果数据宽度超过 m，按实际输出
n（n 为正整数）	对于实数，n 是输出小数位数，对于字符串，n 表示输出前 n 个字符
l	ld 输出 long 型数据，lf、le 输出 double 型数据
h	用于格式符 d、o、u、x 或 X，表示对应的输出项是短整型
0	输出数值时指定左面不使用的空格位置自动填 0

（2）输出列表。输出列表是指要输出的数据，可以是常量、变量或表达式，输出多个数据时以“,”分隔。

【例 1-5】 读下面的程序并写出它的运行结果。

```
# include<stdio.h>
 void main()
 {
 int x=1,y=2,z=12;
 printf("%d\n",x);       /*按整型格式输出变量 x 的值后换行*/
 printf("output y=%d\n",y);
/*输出非格式字符 output y=，并按整型格式输出 y 的值后换行*/
printf("%d\n",z);
printf("%6d",z);
printf("%06d\n",z);
}
```

程序的运行结果如下：

```
1
output y=2
12
```

```
□□□□12
000012
```

其中，□表示空格。

（二）格式输入函数

格式输入函数 scanf()用于按格式将输入设备的数据存入各变量。其调用的一般形式为：

```
scanf("格式控制字符串","输入项地址列表");
```

其作用是按“格式控制字符串”中规定的格式，从键盘上输入各输入项的数据，并依次将其赋给各输入项。

格式控制字符串可以是下列两种形式的组合：

（1）格式说明：%格式字符。格式说明用于规定对应输入项的输入格式，它由“%”和格式字符组成。

（2）普通说明：原样输入的其他字符。

输入项地址列表是由若干个变量的地址组成的，它们之间用逗号隔开。变量的地址可由取地址运算符“&”得到。形式如下：

```
&变量 1,&变量 2,…,&变量 n
```

使用 scanf()函数应当注意的问题如下：

（1）scanf()函数中“格式控制字符串”后面应当是变量地址，而不应是变量名，例如：“scanf("%d,%d",x,y)”是非法的。

（2）格式控制字符串必须含有与输入项一一对应的格式说明符，类型必须匹配，否则会出错。

（3）如果在格式控制字符串中除了格式说明以外还有其他字符，则在输入数据时应当在对应位置输入与这些字符相同的字符。例如：对于“scanf("%d:%d:%d",&a,&b,&c);”，应当输入 1:2:3，不能输入 1 2 3 或者 1,2,3。

（4）在输入数据时，遇到下面的情况认为数据输入结束：

① 遇到空格，按回车键（Enter）或跳格键（Tab）。

② 达到指定的数据域宽。

③ 非法输入。

（5）在 Visual C++ 6.0 环境下，要输入 double 型数据，格式控制字符串必须用%lf（或%le），否则数据不能正确输入。

【例 1-6】 读下面的程序并写出它的运行结果。

```
#include<stdio.h>
void main()
{
    char c1,c2,c3;
    scanf("%c %c",&c1,&c2);
    scanf("%c",&c3);
    printf("c1=%c,c2=%c,c3=%c\n",c1,c2,c3);
}
```

分析：

（1）当输入为：a□bc↙

输出为：c1=a,c2=b,c3=c

其中“↙”表示回车。

（2）当输入为：a□b□c↙

输出为：c1=a,c2=b,c3=

c3 无法正确接收字符 c，因为将空格符赋给了 c3。

第五节　开发环境

了解了 C 语言的基础知识后，就可以使用 C 语言进行编程了。任何程序设计都需要基于一定的开发步骤和开发环境。用 C 语言开发程序也需要一个开发环境。目前较为流行的是由微软开发的功能强大的 Visual C++ 6.0，本节主要介绍如何在 Visual C++ 6.0 中开发、运行 C 语言程序。

一、C 语言程序的执行步骤

用 C 语言编写的源程序需要先编译生成目标程序，然后与系统库文件进行连接生成可执行文件，最后运行可执行文件。开发 C 语言程序的过程如图 1-1 所示。

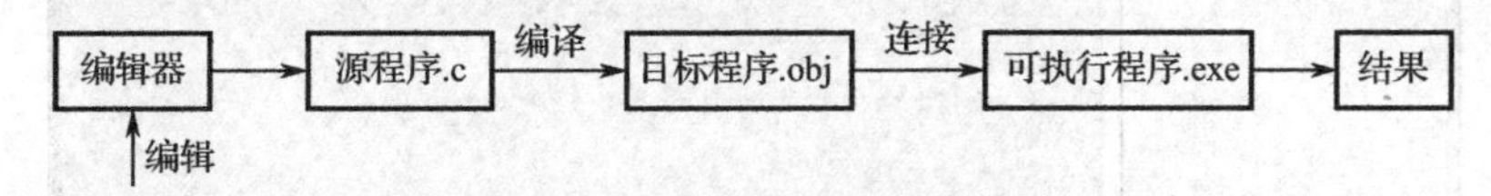

图 1-1　开发 C 语言程序的过程

从图 1-1 中可以看出，C 语言程序的执行步骤为编辑、编译、连接以及运行。下面对各个步骤进行详细介绍。

（一）编辑

为了编辑 C 语言源程序，需要利用编辑器创建一个 C 语言程序的源文件。该文件以文本的形式存储在磁盘上，文件的扩展名为“.c”。

（二）编译

将上一步形成的源程序文件作为编译程序的输入进行编译，生成目标程序，目标程序文件的扩展名为“.obj”。

（三）连接

机器可以识别编译生成的目标程序，但不能直接执行，由于程序中使用到一些系统库函数，还需将目标程序与系统库文件进行连接，经过连接后，生成一个完整的可执行程序，可执行程序的扩展名为“.exe”。

（四）运行

可执行文件生成后，就可以执行了。若执行的结果达到预期，则说明程序编写正确，没有语法、句法错误。否则，说明程序在设计上有错误，需要修改源程序并重新编译、连接和运行，直至将程序调试正确为止。

二、在 Visual C++ 6.0 下运行 C 语言程序

Microsoft Visual C++是微软公司推出的以 C++语言为基础的开发 Windows 环境程序、面向对象的可视化集成编程系统。它具有程序框架自动生成、类管理灵活方便、代码编写和界面设计集成交互操作、可开发多种程序等优点。本节仅介绍在此环境中，如何新建或打开 C 语言源程序，以及如何编辑、编译、连接和运行 C 语言程序。

（一）启动 Visual C++ 6.0

启动的方法为：直接在桌面上双击 Visual C++ 6.0 图标，或者选择“开始”→“所有程序”→“Microsoft Visual C++ 6.0”命令，启动 Visual C++ 6.0。启动后的主窗口如图 1-2 所示。该窗口由标题栏、菜单栏、工具栏、工作区子窗口、编辑子窗口、输出子窗口和状态栏等组成。

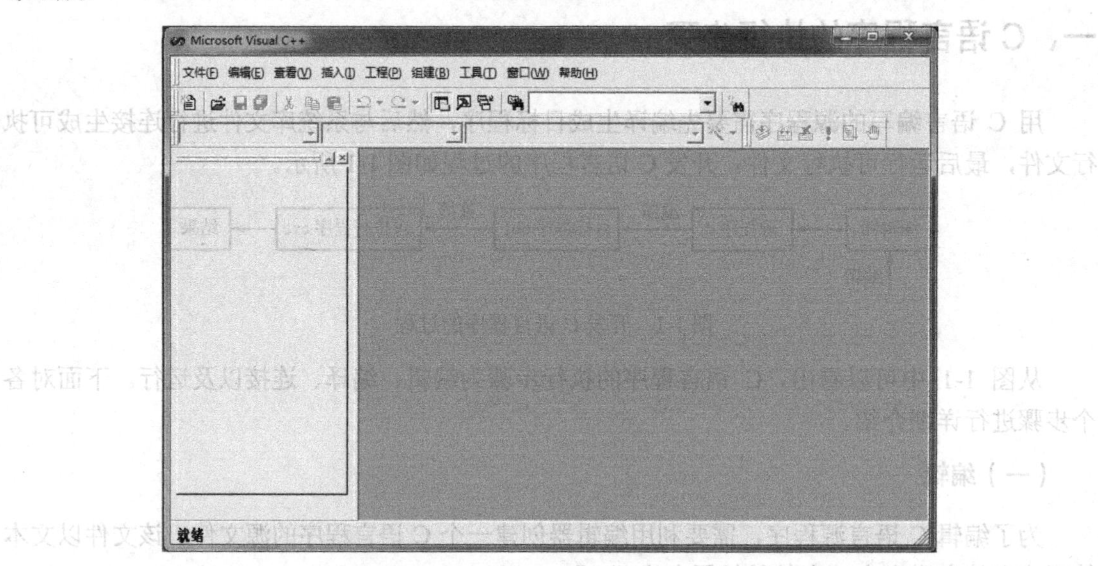

图 1-2　Visual C++ 6.0 集成开发环境主窗口

（二）新建或打开 C 语言程序文件

1. 新建 C 语言程序文件

选择“文件”→“新建”命令，单击“文件”选项卡，如图 1-3 所示，选择“C++ Source File”项，输入文件名（注意加上扩展名“.c”，若不加则默认扩展名为“.cpp”），该文件所在位置自动保存在 C 盘的目录下，可根据需要修改该文件的存放位置，如图 1-3 所示。

2. 打开并调试 C 语言程序

单击“确定”按钮，出现文件编辑区窗口，光标在文件编辑区的左上角闪动，如图 1-4 所示，可在此输入程序。例如，输入一个输出字符串“Hello World!”的程序。

图 1-3　新建文件

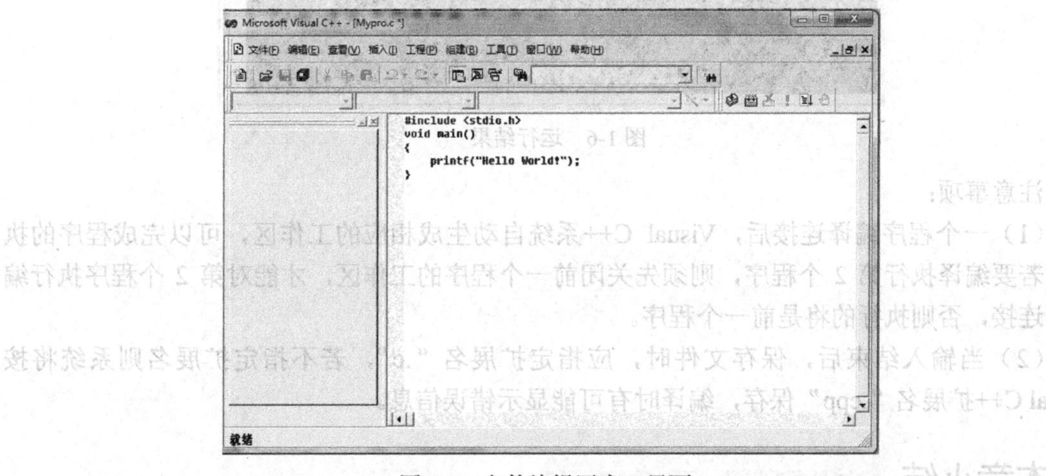

图 1-4　文件编辑区窗口界面

选择菜单栏中的“组建”命令，弹出下拉菜单，选择“编译[mypro.c]”选项，对当前源文件进行编译；或单击工具栏中的“ ”按钮，进行编译；或者按“Ctrl+F7”组合键进行编译，如图 1-5 所示。

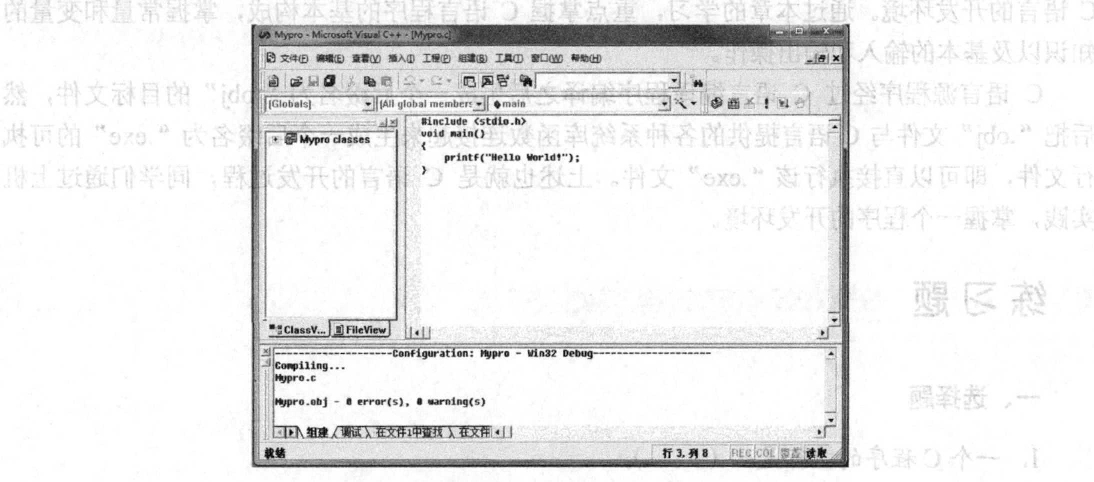

图 1-5　编译文件

若无错误，选择菜单栏中的“组建”命令，弹出下拉菜单，选择“运行[mypro.c]”选项，或者按“Ctrl+F5”组合键，即可运行当前文件。运行结果如图 1-6 所示。可按任意键返回 Visual C++ 6.0 界面。

图 1-6　运行结果

注意事项：

（1）一个程序编译连接后，Visual C++系统自动生成相应的工作区，可以完成程序的执行。若要编译执行第 2 个程序，则须先关闭前一个程序的工作区，才能对第 2 个程序执行编译、连接，否则执行的将是前一个程序。

（2）当输入结束后，保存文件时，应指定扩展名“.c”，若不指定扩展名则系统将按 Visual C++扩展名“.cpp”保存，编译时有可能显示错误信息。

本章小结

本章介绍了 C 语言的发展、特点以及其作用和地位，通过实例说明了 C 语言程序的基本结构。同时还介绍了标识符、常量和变量的相关知识以及基本输入和输出操作，最后介绍了 C 语言的开发环境。通过本章的学习，重点掌握 C 语言程序的基本构成，掌握常量和变量的知识以及基本的输入和输出操作。

C 语言源程序经过 C 语言编译程序编译之后生成一个后缀名为“.obj”的目标文件，然后把“.obj”文件与 C 语言提供的各种系统库函数连接起来生成一个后缀名为“.exe”的可执行文件，即可以直接执行该“.exe”文件。上述也就是 C 语言的开发过程，同学们通过上机实践，掌握一个程序的开发环境。

练 习 题

一、选择题

1. 一个 C 程序的执行是从（　　）。

A. 本程序的 main()函数开始，到 main()函数结束

B. 本程序文件的第一个函数开始，到本程序文件的最后一个函数结束

C. 本程序文件的第一个函数开始，到本程序的main()函数结束

D. 本程序的main()函数开始，到本程序文件的最后一个函数结束

2. 以下说法中正确的是（　　）。

A. C语言程序总是从第一个定义的函数开始执行

B. 在C语言程序中，要调用的函数必须在main()函数中定义

C. C语言程序总是从main()函数开始执行

D. C语言程序中的main()函数必须放在程序的开始部分

3. 下列正确的标识符是（　　）。

A. -a1　　B. a[i]　　C. a2_i　　D. int t

4. 已知字母A的ASCII码为十进制数65，且c1为字符型，则执行语句“c1='A'+'3'”后，c1的值为（　　）。

A. D　　B. 68　　C. 不确定的值　　D. C

5. 下列关于C语言的说法错误的是（　　）。

A. C语言程序的工作过程是编辑、编译、连接、运行

B. C语言不区分大小写

C. C语言程序的三种基本结构是顺序、选择、循环

D. C语言程序从main()函数开始执行

二、简答题

1. C语言主要有什么特点？

2. 请叙述一个较标准的C语言程序的组成部分。

3. C语言程序的开发步骤主要包括哪几个？

第二章

算法和流程图

学习目标

（1）了解算法的概念；
（2）理解算法的特性；
（3）掌握流程图的画法。

第一节 算法

一、算法的概念

在现实生活中，做任何事情都有一定的步骤。例如，同学们要去上课，首先要准备好上课所需的课本、纸、笔，然后到教室，开始听课。从事各项工作和活动，都必须事先想好进行的步骤，然后按部就班地进行，才能避免产生错误。

为解决一个实际问题而采取的方法和步骤，称为“算法”。对于同一个问题，可能有不同的方法和步骤，即有不同的算法。

【例 2-1】 求 1+2+3+4+…+100 的和

算法 1：

步骤 1：计算 1+2=3；

步骤 2：计算 3+3=6；

步骤 3：计算 6+4=10；

……

步骤 99：计算 4 950+100=5 050。

算法 2：

步骤 1：计算 0+100=100；

步骤 2：计算 1+99=100；

步骤 3：计算 2+98=100；

……

步骤 50：计算 49+51=100；

步骤 51：计算 100×50=5 000；

步骤 52：计算 5 000+50=5 050。

对于这个问题，还有其他算法，同学们可以自行完成。通过对比，算法有优劣之分，有的算法简单，有的算法烦琐。因此，为了有效地解题，不仅需要保证算法正确，还要考虑算法的效率，选择合适的算法。

二、算法的特性

算法具有以下 5 个特性。

1. 有穷性

一个算法必须在执行有限步骤之后结束，即一个算法必须包含有限的操作步骤。事实上，“有穷性”常指“在合理范围之内”。如果让计算机执行一个历时 100 年才结束的算法，这虽然是有穷的，但超出了合理的范围，这样的算法也不能视为有效算法。“合理限度”并无严格标准，一般由人们的常识和需要而定。

2. 确定性

算法中的每一步应当是确定的，而不是含糊的、模棱两可的。不应当使读者在理解时产生二义性，并且在任何条件下，算法只有唯一的一条执行路径，即对于相同的输入只能得到相同的输出。

3. 可行性

可行性指的是每一步算法都是可行的，即算法中的每一步都可以有效地执行，并得到确定的结果。因此，算法的可行性也称为算法的有效性。

例如，在算法中，当 b=0 时不能出现 a/b 这样的情况。

4. 有零个或多个输入

输入，是指在执行算法时，计算机需要从外界取得的必要信息或数据。一个算法可以有多个输入，也可以没有输入。比如设计一个直接输出某一句信息的程序，这样的算法就没有输入。

5. 有一个或多个输出

算法的目的是求解，“解”就是答案，就是输出。一个算法必须有一个或多个输出，即算法必须求出“解”，没有输出的算是没有意义的。

第二节　算法的常用表示方法

为了表示一个算法，可以用不同的方法。常用的有自然语言、流程图、N-S 结构流程图、伪代码、PAD 图等。

一、自然语言表示法

所谓自然语言，就是人们日常使用的语言，可以是汉语、英语或其他语言。

【例 2-2】 求$sum=1-\frac{1}{3}+\frac{1}{6}-\frac{1}{9}+\cdots+(-1)^n\frac{1}{3n}$，式中 n>0。

设 sum 代表累加和，sign 代表第 i 项的符号，用自然语言表示$sum=1-\frac{1}{3}+\frac{1}{6}-\frac{1}{9}+\cdots+(-1)^n\frac{1}{3n}$的算法为：

（1）使 sum=1，sign=1，i=1。

（2）使(−1)×sign，得到的积仍放在 sign 中。

（3）使 sum=sign/(3×i)，得到的和放在 sum 中。

（4）使 i 的值加 1。

（5）如果 i≤n，返回第 2 步重新执行，否则循环结束，此时 sum 中的值就是所求的值，输出 sum。

上述用自然语言表示的算法通俗易懂，但有以下缺点：

（1）烦琐冗长。往往要用一段冗长的文字才能说清楚所要进行的操作。例如，【例 2-2】中的“使(−1)×sign，得到的积仍放在 sign 中”不如写成“(−1)×sign=>sign”简洁。

（2）容易出现歧义。自然语言往往要根据上下文才能正确判断其含义，不太严格。如“张三要李四把他的笔记本拿来”，究竟指的是谁的笔记本？这就出现了歧义。

（3）用自然语言表示顺序执行的步骤比较好懂，但如果算法中包含判断和转移，用自然语言描述就不够直观清晰。

因此，除非问题比较简单，一般不用自然语言表示算法。

二、流程图

流程图是用图形的方式表示算法，用一些几何图形来代表各种不同性质的操作。ANSI（美国国家标准化协会）规定的一些常用流程图符号（图 2-1）已被大多数国家和地区接受。

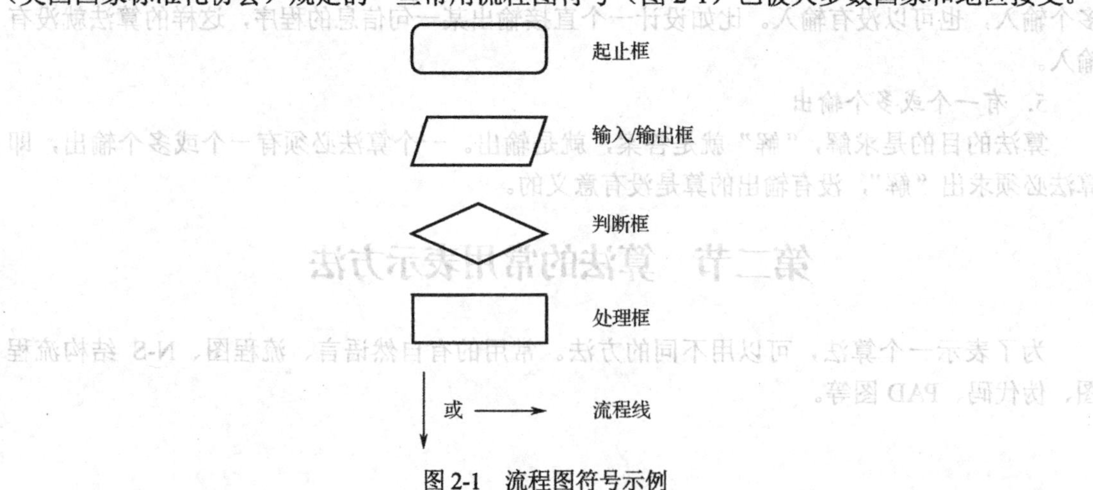

图 2-1 流程图符号示例

结构化程序设计采用 3 种基本结构，即顺序结构、选择结构和循环结构，这三种基本结构有以下共同特点：

（1）只有一个入口；

（2）只有一个出口；

（3）结构内的每一部分都有机会被执行到；

（4）结构内不存在“死循环”（无休止的循环）。

已经证明，由以上 3 种基本结构组成的算法结构，可以解决任何复杂的问题。下面用流程图表示 3 种基本结构。

1. 顺序结构

顺序结构的程序是按语句的书写顺序执行的，如图 2-2 所示。A 和 B 两个框是顺序执行的，即在执行完 A 框所指定的操作后，必须紧接着执行 B 框所指定的操作。顺序结构是最简单的一种结构。

2. 选择结构

选择结构又称作分支结构、条件结构，如图 2-3 所示。此结构中必须包含一个判断框，根据给定的条件 P 是否成立来进行选择。若 P 成立，则执行 A 框中的操作，否则执行 B 框中的操作。

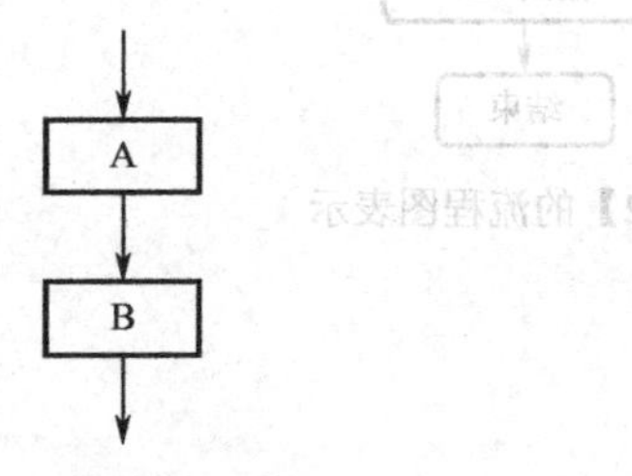

图 2-2 顺序结构图例

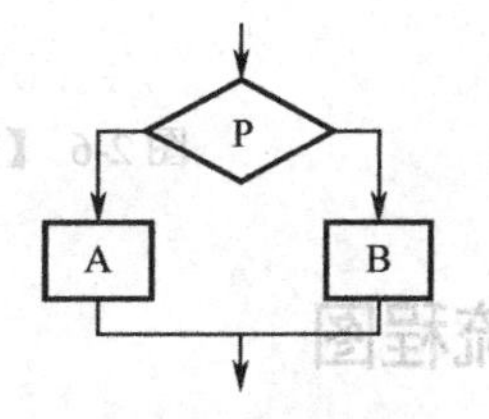

图 2-3 选择结构图例

3. 循环结构

循环结构又称为重复结构，有两种方式。一种是先判断条件，若条件成立再进入循环体，如图 2-4 所示。此结构表示当给定的条件 P 成立时，反复执行操作 A，直到条件 P 不成立，跳出循环体。另一种是先进入循环体执行，再判断条件是否成立，如图 2-5 所示。此结构先执行操作 A，再判断条件 P 是否成立，如果条件 P 成立，则继续执行操作 A；然后再判断条件 P 是否成立，直到条件 P 不成立，跳出循环体。

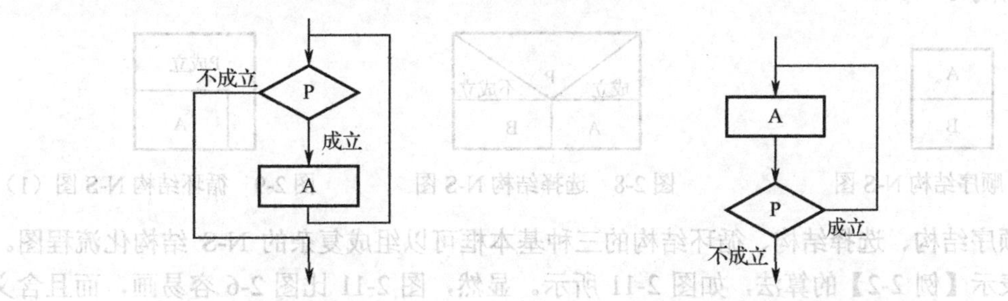

图 2-4 循环结构流程图（1）

图 2-5 循环结构流程图（2）

用流程图表示【例 2-2】的算法，如图 2-6 所示。

可以看出，用流程图表示算法，逻辑清楚，形象直观，容易理解，可用带箭头的流程线表示执行的顺序，一目了然。但是流程图占用的篇幅多，而且当算法复杂时，每一步骤要画一个框，比较麻烦。

画流程图时，每个框内要说明操作内容，不要有“多义性”，不要忘记画箭头或把箭头画反。

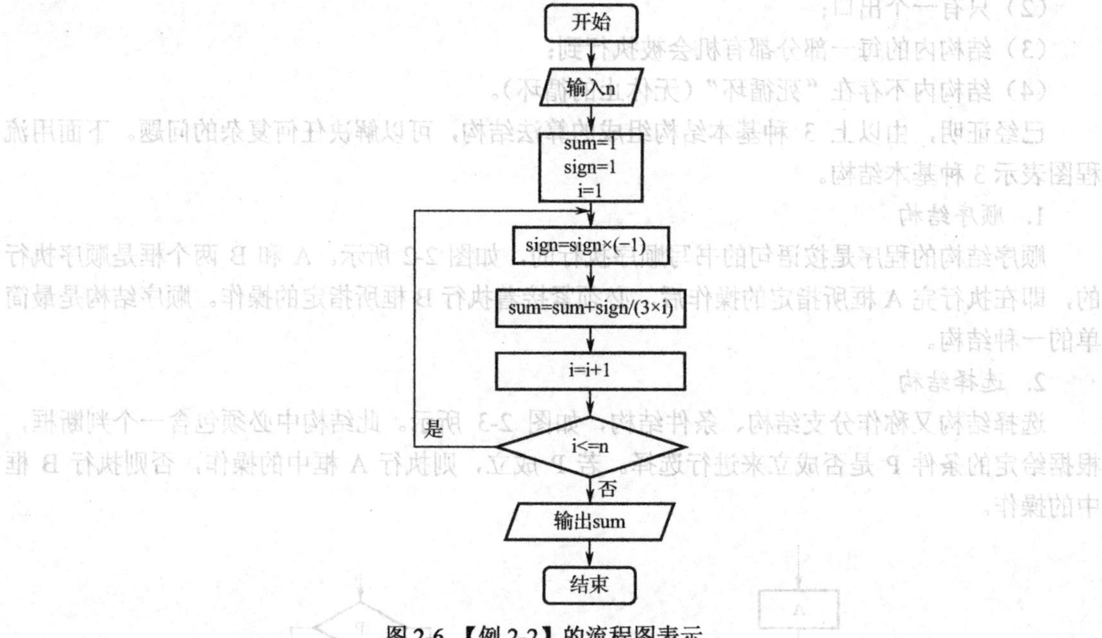

图 2-6 【例 2-2】的流程图表示

三、N-S 结构流程图

流程图由一些具有特定意义的图形、流程线及简要的文字说明构成，它能清晰明确地表示程序的运行过程。在使用过程中，人们发现流程线不一定是必需的。为此，1973 年，美国的计算机科学家 I.Nassi 和 B.Shneiderman 设计了一种新的流程图，它把整个程序写在一个大框图内，这个大框图由若干个小的基本框图构成，这种流程图简称 N-S 图，也称为盒图。

将图 2-2、图 2-3、图 2-4、图 2-5 改用 N-S 流程图来表示，分别如图 2-7、图 2-8、图 2-9、图 2-10 所示。

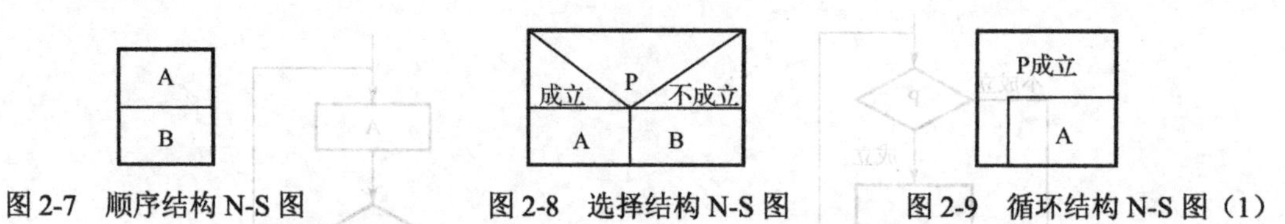

图 2-7 顺序结构 N-S 图　　图 2-8 选择结构 N-S 图　　图 2-9 循环结构 N-S 图（1）

用顺序结构、选择结构、循环结构的三种基本框可以组成复杂的 N-S 结构化流程图。用 N-S 图表示【例 2-2】的算法，如图 2-11 所示。显然，图 2-11 比图 2-6 容易画，而且含义清晰易懂。

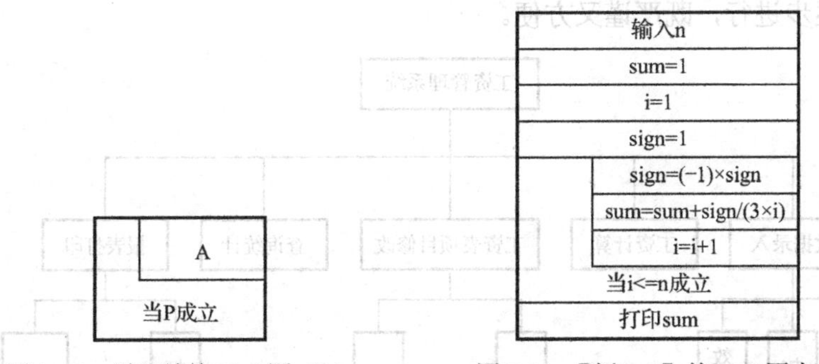

图 2-10 循环结构 N-S 图（2）　　图 2-11 【例 2-2】的 N-S 图表示

第三节　结构化程序设计方法

学习计算机语言的目的是利用该语言工具设计出可供计算机运行的程序。

在拿到一个需要求解的实际问题之后，怎样才能编写出程序呢？以数值计算问题为例，一般应按图 2-12 所示的步骤进行。

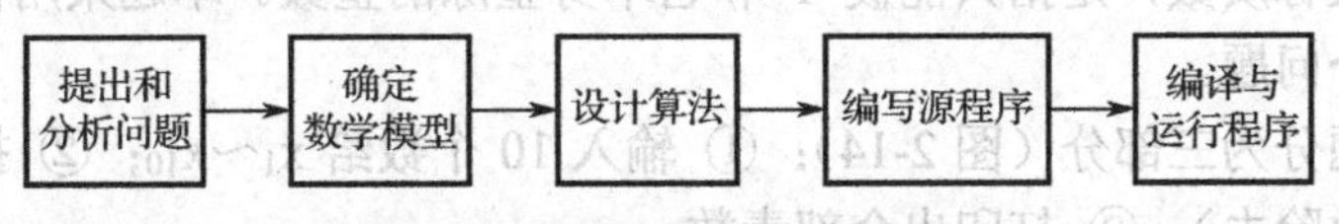

图 2-12 程序设计的一般步骤

一般来说，从实际问题抽象出数学模型（例如用一些数据方程来描述人造卫星的飞行轨迹），是有关专业工作者的任务（计算机工作人员只起辅助作用）。程序设计人员的工作的最关键的一步就是设计算法。一般以流程图来表示算法。如果算法正确，将其转换为任何一种高级语言程序都不困难，这一步骤常称为“编码”（coding）。程序设计人员水平的高低取决于他们能否设计出好的算法。

要设计出结构化的程序，可采取以下方法自顶向下，逐步细化，模块化和结构化编码。

所谓模块化，是将一个大任务分成若干个较小的任务，再将较小的任务细分为更小的任务，直到更小的任务只能解决单一的任务为止，一个小任务称为一个模块。各个模块都可以分别由不同的人编写和调试程序。在 C 语言中，模块化由函数实现。

这种把大任务分成小任务的方法称为“自顶向下，逐步细化”。例如设计房间就是采用自顶向下，逐步细化的方法，即先进行整体规划，然后确定建筑方案，再进行各部分结构的设计，最后进行细节的设计（如门、窗、楼道、给排水）。又如，可以把工资管理系统分解成图 2-13 所示的模块结构。

从上述模块结构可以看出，整个大的“工资管理系统”可分解为“数据录入”“工资计算”“工资表项目修改”“查询统计”“报表打印”等小模块，其中“数据录入”又可分为“人员情况录入”“扣款表录入”“效益工资录入”等更小的模块。同样，“工资表项目修改”和“报表打印”也可以划分更小的模块，这些模块功能单一，不需要再分。

采用这种方法考虑问题比较周全，结构清晰，层次分明。用这种方法也便于验证算法的正确性。在下一层细分之前应检查本层设计是否正确，只有确保本层设计是正确的才可以继续细分。如果每一层设计都没有问题，则整个算法是正确的。由于每一层向下细分时都不太复杂，因此容易保证整个算法的正确性。检查时也是由上向下逐层检查。这样做思路清晰，可以有条不紊地逐步进行，既严谨又方便。

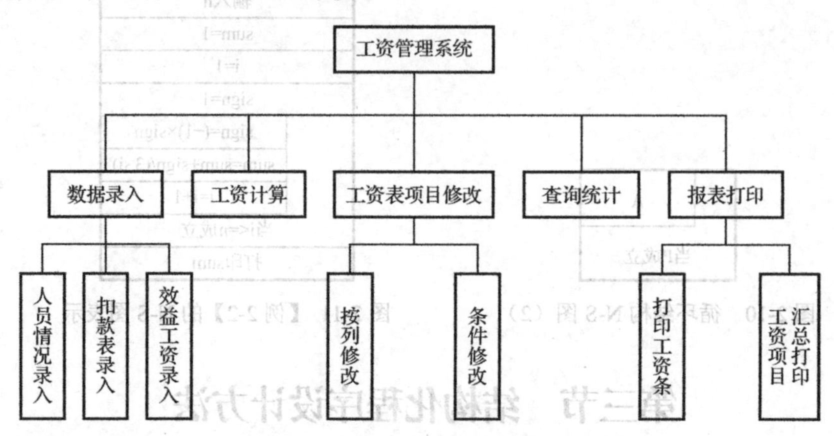

图 2-13 “工资管理系统”模块结构

下面举一个简单的例子来说明如何实现结构化程序设计。

【例 2-3】 输入 10 个整数（每个数都≥3），打印出其中的素数。

分析：素数又称质数，是指只能被 1 和它本身整除的整数。本题采用自顶向下、逐步细化方法来处理这个问题。

先把这个问题分为三部分（图 2-14）：① 输入 10 个数给 x_1～x_{10}；② 把其中的素数找出来（或者把非素数除去）；③ 打印出全部素数。

这三个部分分别用 A、B、C 表示。可以把这三部分以三个功能模块来实现，在 C 语言中，用函数来实现每个模块的功能。

图 2-14 所示的三部分内容还是比较笼统、抽象的，因为还没有解决“把素数找出来”的问题，需要进一步“细化”。对第一部分（以 A 表示）的细化可以用图 2-15 表示，用 x_i 代表 x_1～x_{10} 中的某一个数，i 的值由 1 增加到 10。图 2-15 已经足够精细，不需要再对它进行细化。

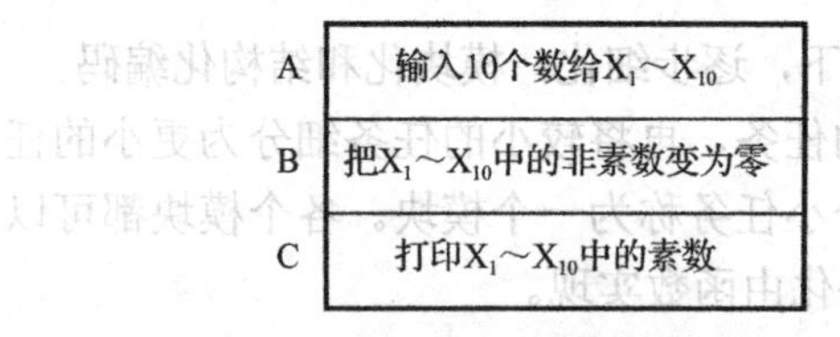

图 2-14 三部分内容

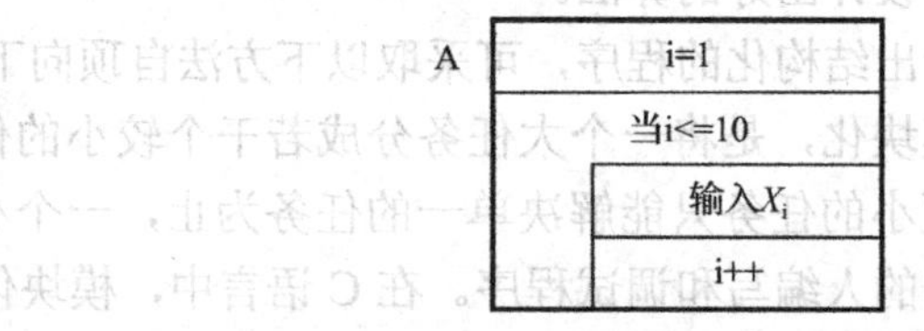

图 2-15 对第一部分进行细化

对第二部分（以 B 表示）的细化如图 2-16 所示。其实现的方法是，如果 x_1～x_{10} 中哪一个不是素数，就把它的值变为零，这样最后留下来的那些值不为零的 x_i 就是素数。用图 2-16 中的循环来对 x_1～x_{10} 逐一处理，其中“如果 x_i 不是素数，令 x_i=0”这一部分（以 D 来表示）还应进一步细化，因为还没有指出怎样判定 x_i 是不是素数。对 D 框进一步细化，如图 2-17 所示。求素数的方法是，根据定义将 x_i 用 2～x_i−1 的整数去除，如果能被其中某个整数整除，则 x_i 就不是素数，使 x_i=0（用 E 表示）。可以用一个直到型循环来实现它（需要注意的是，循环结束条件是“j>x_i−1 或 x_i=0”）。对其中的 E 框进一步细化，如图 2-18 所示。至此已足够精细，不必也不能细分了。

对图 2-14 的 C 框可以进行细化，如图 2-19 所示。对 F 框的细化如图 2-20 所示。到此为止，已经全部细化完毕。每一部分都可以分别直接用 C 语言来表示。

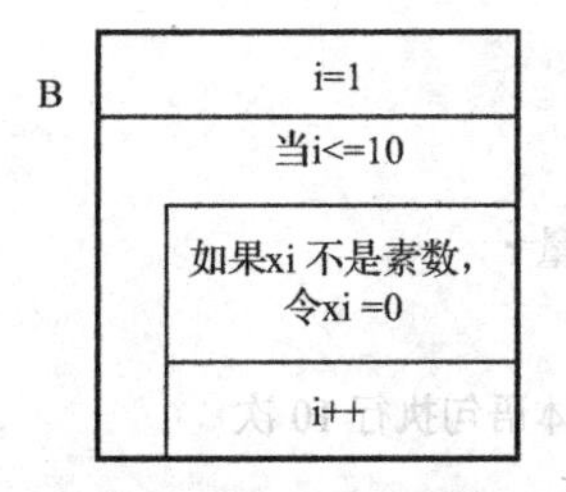

图 2-16 对第二部分进行细化

图 2-17 对 D 框进行细化

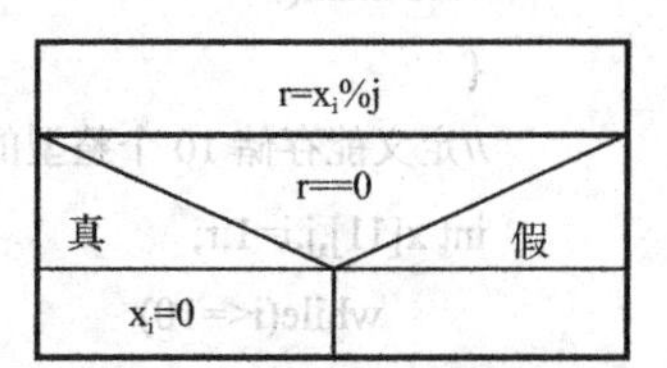

图 2-18 对 E 框进行细化

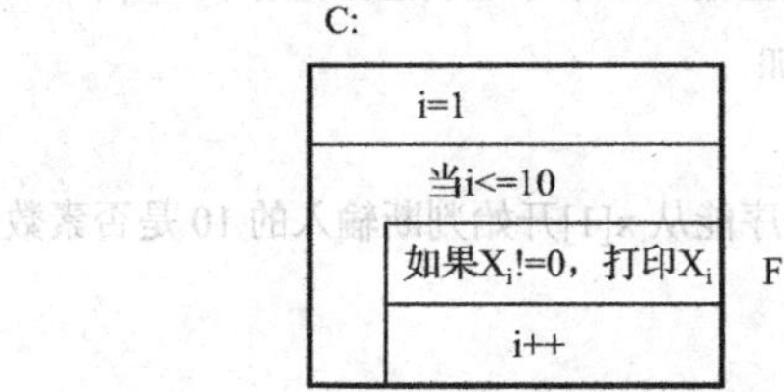

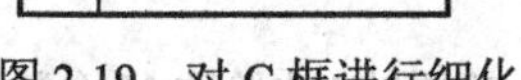
图 2-19 对 C 框进行细化

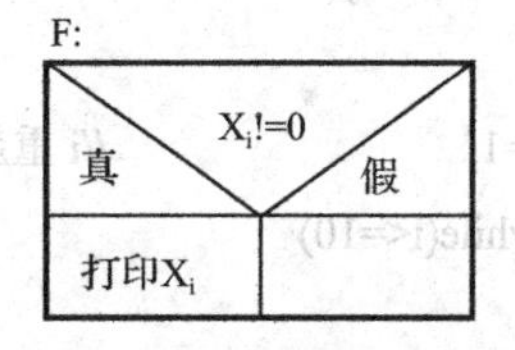

图 2-20 对 F 框进行细化

将以上各个图综合起来，可以得到图 2-21 所示的 N-S 图。可以看出它是由三种基本结构所构成的。

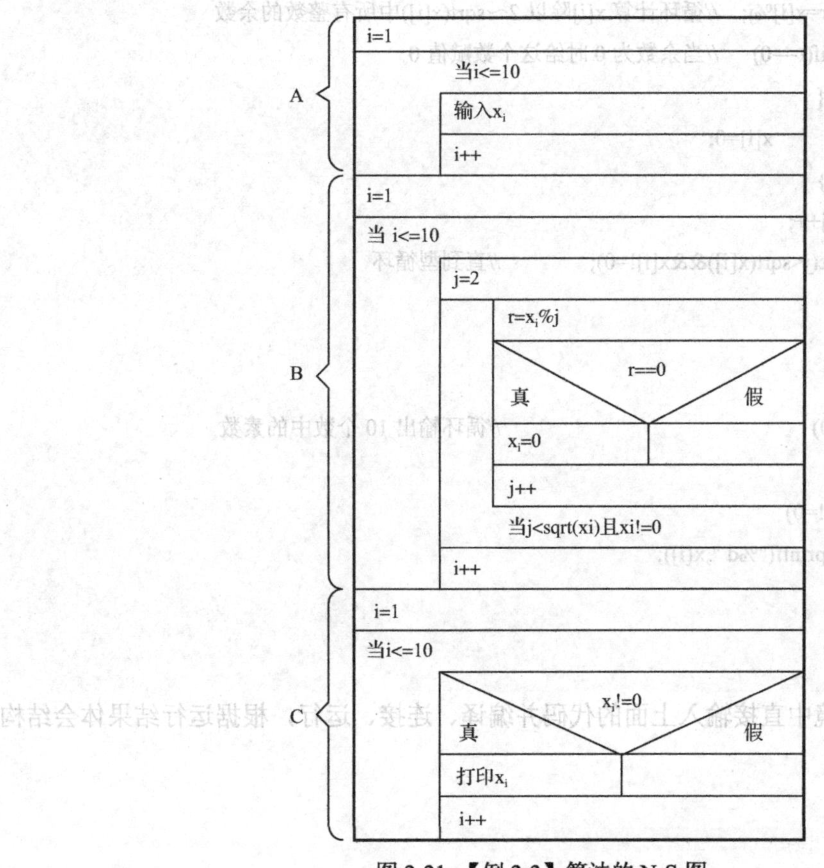

图 2-21 【例 2-3】算法的 N-S 图

把图 2-21 表示的算法直接翻译为 C 语言程序代码如下：

```
#include<stdio.h>
#include<math.h>
```

```
void main()
{
//定义能存储 10 个整型的数组 x[11]，循环变量 i，j 及存储余数的变量 r
int x[11],j,i=1,r;
    while(i<=10)                          //循环语句控制循环体语句执行 10 次
    {
        scanf("%d",&x[i]);                //从键盘输入一个十进制整型数存入 x[i]中
        i ++;                             //i 自加
    }
    i=1;               //i 重新初始化为 1，以便程序能从 x[1]开始判断输入的 10 是否素数
    while(i<=10)
    {
        j=2;           //判断 10 个数是否素数时，都要以 2 去除这 10 个数
        do
        {
            r=x[i]%j;  //循环计算 x[i]除以 2～sqrt(x[i])中所有整数的余数
            if(r==0)   //当余数为 0 时给这个数赋值 0
            {
                x[i]=0;
            }
            j++;
        }while(j<sqrt(x[i])&&x[i]!=0);        //直到型循环
        i++;
    }
    i=1;
    while(i<=10)                              //循环输出 10 个数中的素数
    {
        if(x[i]!=0)
            printf("%d ",x[i]);
        i++;
    }
}
```

在 C 语言编译环境中直接输入上面的代码并编译、连接、运行，根据运行结果体会结构化程序设计方法。

本章小结

本章主要讲解了算法的定义、特性以及常见算法的流程图类型及画法。本章重点以结构化程序为例，利用流程图表示算法，并最终转换为 C 语言代码的过程。

同学们在学习本章时，要注意重点掌握流程图的画法。要想画好流程图，需要牢记流程

图中各种图形符号所表示的含义，然后才能保证正确使用这些图形符号。

面对编程题，不要急于直接编写代码，要先理清思路，想清楚解决该问题的算法，然后用流程图把算法表示出来，再将流程图中的伪代码逐行转变为 C 语言代码。尤其对于初学编程的人，这样做很有必要。这也是学习本章的目的。

练习题

一、选择题

1. 结构化程序设计采用 3 种基本结构，即顺序结构、选择结构和（　　）。

A. 循环结构　　B. 星型结构　　C. 图型结构　　D. 树型结构

2. 一个算法应具有五个特点，即有穷性、确定性、可行性、（　　）和有一个或多个输出。

A. 有零个输入　　B. 有多个输入

C. 有零个或多个输入　　D. 有一个或多个输入

3. 流程图是用图形的方式表示算法，用一些几何图形来代表各种不同性质的操作，判断操作用（　　）表示。

A. 菱形　　B. 矩形　　C. 椭圆　　D. 圆形

4. 在 C 语言中，模块化由（　　）来实现。

A. 存储过程　　B. 数组　　C. 结构体　　D. 函数

5. 把流程线完全去掉，将全部算法写在一个矩形框内，在框内还可以包含其他框，即由一些基本的框组成一个较大的框，这种流程图称为（　　）。

A. 流程图　　B. 自然语言表示法

C. N-S 结构流程图　　D. 伪代码

6. 数值计算问题的结构化程序设计的正确设计步骤为（　　）。

A. 分析问题→确定数学模型→设计算法→编写源程序→编译与运行程序

B. 分析问题→设计算法→确定数学模型→编写源程序→编译与运行程序

C. 分析问题→编写源程序→设计算法→确定数学模型→编译与运行程序

D. 分析问题→编写源程序→确定数学模型→设计算法→编译与运行程序

二、算法描述题

1. 已知 3 个整数 a、b、c，将它们从小到大排序。写出一个算法，并画出流程图。

2. 我国古代数学家张丘建在《算经》中出了一道题：“鸡翁一，值钱五；鸡母一，值钱三；鸡雏三，值钱一。百钱买百鸡，问鸡翁、鸡母、鸡雏各几何？”设计一个算法并用自然语言描述。

第三章

程序结构

学习目标

（1）了解常用的运算符及其优先级顺序；

（2）理解并掌握选择结构程序设计中的 if 语句和 switch 语句；

（3）理解并掌握循环结构程序设计中的常用语句。

第一节　常用运算符与表达式

对数据进行加工处理，用来表示各种运算的符号称为“运算符”。C 语言运算符的种类有很多，不同的运算符可以构成不同的表达式，从而处理不同的问题。C 语言中的运算符可以按其功能和运算对象的个数进行分类。

C 语言的运算符非常丰富，分类如下：

（1）根据运算符的功能分类：算术运算符、关系运算符、逻辑运算符、赋值运算符、位运算符、条件运算符、自增和自减运算符、逗号运算符、指针运算符、强制类型转换运算符、分量运算符、下标运算符、求字节数运算符、函数调用运算符等。

（2）根据运算对象的个数分类：单目运算符、双目运算符和三目运算符。

各种数据操作运算都有相应的运算符号和运算规则，这些运算符号和运算符对象一起构成表达式。也就是说，用运算符和圆括号把运算对象连接起来的符合 C 语言语法规则的式子，称为表达式。对表达式进行运算，所得到的结果称为表达式的值。

学习 C 语言的运算符，不仅要掌握各种运算符的功能，以及它们各自可连接的运算对象个数，还要了解各种运算符彼此之间的优先级和结合性。

运算符的优先级是指多个运算符用在同一个表达式中时先进行什么运算，后进行什么运算。若在同一个表达式中出现了不同级别的运算符，首先计算优先级较高的。

运算符的结合性是指运算符所需要的数据是从其左边开始取，还是从右边开始取。结合性是指在表达式中若连续出现若干个优先级相同的运算符时，各运算的运算次序。因而在 C

语言中有所谓“左结合性”和“右结合性”。

为了方便读者，表 3-1 列出了所有运算符的优先级与结合性。注意所有的单目运算符、赋值运算符和条件运算符都是从右向左结合的，要予以特别关注，其余均为从右向左结合的，与习惯一致。

表 3-1 运算符的优先级与结合性

<table>
<tr><th>优先级</th><th>运 算 符</th><th>名称或含义</th><th>使 用 形 式</th><th>结合方向</th><th>说 明</th></tr>
<tr><td rowspan="4">1</td><td>[]</td><td>数组下标</td><td>数组名[常量表达式]</td><td rowspan="4">左到右</td><td>—</td></tr>
<tr><td>()</td><td>圆括号</td><td>（表达式）</td><td>—</td></tr>
<tr><td>.</td><td>对象.成员</td><td>对象.成员名</td><td>—</td></tr>
<tr><td>-></td><td>对象->成员</td><td>对象指针->成员名</td><td>—</td></tr>
<tr><td rowspan="9">2</td><td>-</td><td>负号运算符</td><td></td><td rowspan="9">右到左</td><td>单目运算符</td></tr>
<tr><td>（类型）</td><td>强制类型转换</td><td>（数据类型）表达式</td><td>—</td></tr>
<tr><td>++</td><td>自增运算符</td><td>++变量名/变量名++</td><td>单目运算符</td></tr>
<tr><td>--</td><td>自减运算符</td><td>--变量名/变量名--</td><td>单目运算符</td></tr>
<tr><td>*</td><td>取值运算符</td><td>*指针变量</td><td>单目运算符</td></tr>
<tr><td>&</td><td>取地址运算符</td><td>&变量名</td><td>单目运算符</td></tr>
<tr><td>!</td><td>逻辑非运算符</td><td>!表达式</td><td>单目运算符</td></tr>
<tr><td>~</td><td>按位取反运算符</td><td>~表达式</td><td>单目运算符</td></tr>
<tr><td>sizeof</td><td>长度运算符</td><td>sizeof(表达式)</td><td>—</td></tr>
<tr><td rowspan="3">3</td><td>/</td><td>除</td><td>表达式/表达式</td><td rowspan="3">左到右</td><td>双目运算符</td></tr>
<tr><td>*</td><td>乘</td><td>表达式*表达式</td><td>双目运算符</td></tr>
<tr><td>%</td><td>余数（取模）</td><td>整型表达式/整型表达式</td><td>双目运算符</td></tr>
<tr><td rowspan="2">4</td><td>+</td><td>加</td><td>表达式+表达式</td><td rowspan="2">左到右</td><td>双目运算符</td></tr>
<tr><td>-</td><td>减</td><td>表达式-表达式</td><td>双目运算符</td></tr>
<tr><td rowspan="2">5</td><td><<</td><td>左移</td><td>表达式<<表达式</td><td rowspan="2">左到右</td><td>双目运算符</td></tr>
<tr><td>>></td><td>右移</td><td>表达式>>表达式</td><td>双目运算符</td></tr>
<tr><td rowspan="4">6</td><td>></td><td>大于</td><td>表达式>表达式</td><td rowspan="4">左到右</td><td>双目运算符</td></tr>
<tr><td>>=</td><td>大于等于</td><td>表达式>=表达式</td><td>双目运算符</td></tr>
<tr><td><</td><td>小于</td><td>表达式<表达式</td><td>双目运算符</td></tr>
<tr><td><=</td><td>小于等于</td><td>表达式<=表达式</td><td>双目运算符</td></tr>
<tr><td rowspan="2">7</td><td>==</td><td>等于</td><td>表达式==表达式</td><td rowspan="2">左到右</td><td>双目运算符</td></tr>
<tr><td>!=</td><td>不等于</td><td>表达式!=表达式</td><td>双目运算符</td></tr>
<tr><td>8</td><td>&</td><td>按位与</td><td>表达式&表达式</td><td>左到右</td><td>双目运算符</td></tr>
<tr><td>9</td><td>^</td><td>按位异或</td><td>表达式^表达式</td><td>左到右</td><td>双目运算符</td></tr>
<tr><td>10</td><td>|</td><td>按位或</td><td>表达式|表达式</td><td>左到右</td><td>双目运算符</td></tr>
<tr><td>11</td><td>&&</td><td>按位与</td><td>表达式&&表达式</td><td>左到右</td><td>双目运算符</td></tr>
<tr><td>12</td><td>||</td><td>逻辑或</td><td>表达式||表达式</td><td>左到右</td><td>双目运算符</td></tr>
<tr><td>13</td><td>?:</td><td>条件运算符</td><td>表达式 1?表达式 2: 表达式 3</td><td>右到左</td><td>三目运算符</td></tr>
</table>

续表

优先级	运 算 符	名称或含义	使 用 形 式	结合方向	说 明
14	=、+=、-=、*=、/=、%=、<<=、>>=、&=、^=、|=	赋值运算符	变量=表达式	右到左	
15	,	逗号运算符	表达式,表达式,...	左到右	从左向右运算

一、算术运算符与算术表达式

（一）算术运算符

算术运算符包括：

+（加法运算符，或正值运算符）；

-（减法运算符，或负值运算符）；

*（乘法运算符）；

/（除法运算符）；

%（求余运算符或模运算符）。

（1）两个类型相同的操作数进行运算，其结果与操作数类型相同。例如 7/4 的结果为 1。

（2）不同类型的数据要先转换成同一类型，然后才能计算。转换规则如图 3-1 所示。

（3）求余运算要求运算符两边的操作数必须为整数，而且余数与被除数符号相同。例如：15%(-7)=1，(-15)%7 = -1。

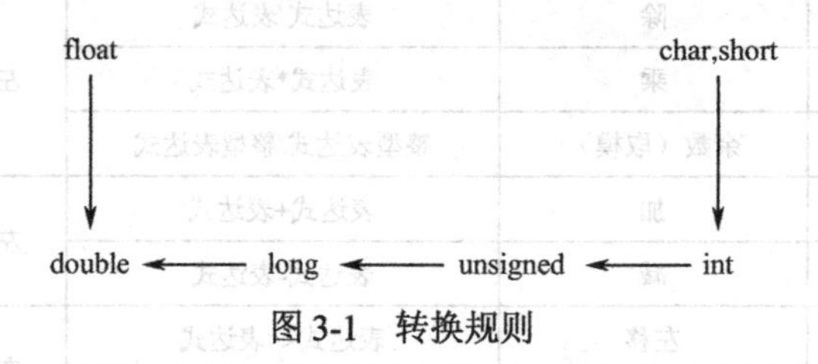

图 3-1 转换规则

（二）算术表达式

用算术运算符和括号将运算对象连接起来的式子称为算术表达式。运算对象包括常量、变量和函数等。例如：

```
x*y/z+2002.168 - 15%(-7)+'A'
```

C 语言规定算术运算符的优先级为先做“*”“/”“%”后做“+”“-”，即“*”“/”“%”属同一优先级，“+”“-”属同一优先级，而且前者的优先级高于后者。

在表达式求值时，同一优先级的运算符的运算顺序规定为“自左至右”，即运算对象先与左面的运算符结合，也称为“左结合性”（表 3-1）。

二、赋值运算符与表达式

赋值运算符用“=”来表示。它的作用是将一个表达式的值赋给一个变量，而不是数学中的等号。由赋值运算符将一个变量和一个表达式连接起来的式子称为“赋值表达式”。它的一般形式为：

```
变量名=表达式
```

赋值表达式的值就是被赋值的变量的值。在赋值表达式中赋值号的左边只能是变量，初学者经常写成“x+y=z;”，这是错误的。如果赋值运算符两侧的类型不一致，但都是数值型或字符型时，在赋值时要进行类型转换。凡是双目（二元）运算符，都可以与赋值符一起组成复合赋值符。它的一般形式为：

```
变量名 双目运算符= 表达式
```

等价于：变量名＝变量　双目运算符　表达式

例如：x+=3 等价于 x=x+3；

x%=3+a 等价于 x=x%(3+a)。

使用赋值运算符“自右而左”的结合原则，可以处理各种复杂赋值表达式的求值。

【例 3-1】 已知 int x=2，计算下述表达式的值：

```
x+=x-=x*(y=11)
```

解答：

（1）先进行“x-=x*(y=11)”的运算，相当于 x=x-x*(y=11)，经计算得到 x=-20；

（2）再进行“x+=-20”的运算，相当于 x=x+(-20)=(-20)+(-20)=-40；

（3）因此最后表达式的值为-40。

此外，赋值表达式也可以用在其他语句中。例如：“printf("%d",x=y);”相当于“x=y;”和“printf("%d",x);”两个语句。

三、自加、自减运算符

C 语言为变量增加与减少提供了两个奇特的运算符：

（1）加一运算符“++”：用于使其运算分量加 1；

（2）减一运算符“--”：用于使其运算分量减 1。

++与--这两个运算符既可以用作前缀运算符（即用在变量名前面，如++n），也可用作后缀运算符（即用在变量名后面，如 n++），虽然都能使 n 加 1，但二者存在差别：

（1）表达式“++n”：在 n 的值被使用之前，先使 n 加 1；

（2）表达式“n++”：在 n 的值被使用之后，再使 n 加 1。

例如：如果已知 int n=5，那么

情况Ⅰ：“x=n++;”，最后的结果：x=5,n=6；

情况Ⅱ：“x=++n;”，最后的结果：x=6,n=6。

关于自加、自减运算符及其表达式的说明和注意事项如下：

（1）自加、自减运算符是单目运算符，且操作对象只能是简单变量，不能是常量或带有运算符的表达式。例如，6++、++(a+b)、++(-i)等都是错误的。

（2）“++”和“--”的结合性是自右向左，例如：-i++相当于-(i++)。

（3）表达式中如果有多个运算符连续出现，C 语言编译系统尽可能多地从左到右将字符组合成一个运算符。例如：i+++j 等价于(i++)+j,-i+++-j 等价于(-i)+++(-j)。为了增加可读性，应该采用后面的写法，在必要的地方添加圆括号，但建议尽量不要使用。

【例 3-2】 自加、自减运算应用举例。

```
#include<stdio.h>
void main()
{
int   i=8;
printf("%d", ++i);
printf("%d", --i);
printf("%d", i++);
printf("%d", i-- );
printf("%d",-i++);
printf("%d",-i-- );
}
```

程序的运行结果如下：

```
9  8  8  9  -8  -9
```

四、关系运算符与关系表达式

1. 关系运算符

关系运算符是用来比较两个操作数大小关系的运算符，C 语言提供了以下 6 种关系运算符：>（大于）、>=（大于等于）、<（小于）、<=（小于等于）、==（等于）、!=（不等于）。

关系运算符与其他运算符的运算优先次序如下：

关系运算符的优先级低于算术运算符，关系运算符的优先级高于赋值运算符。

例如：

c>a+b	相当于 c>(a+b)
a==b<c	相当于 a==(b<c)
a=b>c	相当于 a=(b>c)

2. 关系表达式

用关系运算符连接起来的表达式称为关系表达式，关系表达式的结果为逻辑值真（用“1”表示）或假（用“0”表示）。

例如：

c>a+b	若 a=3,b=4,c=9	则结果为 1
a==b<c	若 a=3,b=4,c=9	则结果为 0
a=b>c	若 b=4,c=9	则 a 的值为 0

两个数值进行比较，是比较其数值的大小，两个字符进行比较，是比较其 ASCII 码值的大小。

五、逻辑运算符与逻辑表达式

（一）逻辑运算符

对逻辑值进行运算的运算符称为逻辑运算符，C 语言提供了以下 3 种逻辑运算符：

（1）逻辑与：&&（只有两个操作数均为真时，结果才为真，否则为假）；

（2）逻辑或：||（只有两个操作数均为假时，结果才为假，否则为真）；

（3）逻辑非：!（取反）。

它们的运算结果见表 3-2。

表 3-2 逻辑运算规则

a	b	!a	!b	a&&b	a||b
真	真	假	假	真	真
真	假	假	真	假	真
假	真	真	假	假	真
假	假	真	真	假	假

逻辑运算符与其他运算符的运算优先顺序如图 3-2 所示。

!
算术运算符
关系运算符
&&
||
赋值运算符
高 → 低

图 3-2 运算优先级

例如：

原式	可写为
(a>b)&&(x>y)	a>b && x>y
(a==b)||(x==y)	a==b||x==y
(!a)||(a>b)	!a||a>b

（二）逻辑表达式

用逻辑运算符将关系表达式或逻辑表达式连接起来的式子称为逻辑表达式。

例如，若 a=4,b=2,x=6,y=7，则：

a>b&&x>y　　　表达式的结果为 0

a==b||x==y　　　表达式的结果为 0

!a||a>b　　　表达式的结果为 1

注意：

（1）C 语言中规定：非零为“真”，“真”用“1”表示；零为“假”，“假”用“0”表示。例如：

'a'&& 'b'　　　其结果为 1

!5.34　　　其结果为 0

（2）对逻辑表达式的求解，并不是逻辑运算符连接的所有表达式都被执行，只是在必须执行下一个表达式才能求出结果时，逻辑运算符连接的第二个表达式才会被执行。

【例 3-3】 运行下面的程序 4 次，若分别输入“0 0 0”“1 0 1”“1 2 3”“1 0 0”，分别写出其对应的输出结果。

```
#include <stdio.h>
void main()
{
    int a,b,c;
    scanf("%d%d%d",&a,&b,&c);
    e=++a&&b--&&++c;
    printf("e=%d,a=%d,b=%d,c=%d\n", e,a,b,c);
```

```
        e=++a&&b--&&++c;
        printf("a=%d,b=%d,c=%d,e=%d,\n", a,b,c,e);
        c=a||((a=c)>b);
        printf("a=%d,b=%d,c=%d\n",a,b,c);
        e=--c||b--||++a;
        printf("e=%d,a=%d,b=%d,c=%d\n", e,a,b,c);
        e=--c||b--||++a;
        printf("a=%d,b=%d,c=%d,e=%d\n", a,b,c,e);
    }
```

在 Visual C++6.0 环境下运行，若输入“0 0 0 ↙”，其输出为：

```
e=0,a=1,b=-1,c=0
a=2,b=-2,c=1,e=1,
a=2,b=-2,c=1
e=1,a=2,b=-3,c=0
a=2,b=-3,c=-1,e=1
```

在 Turbo C2.0 环境下运行，若输入“0 0 0 ↙”，其输出为：

```
e=0,a=0,b=0,c=0
a=2,b=-2,c=1,e=1,
a=2,b=-2,c=1
e=1,a=2,b=-2,c=1
a=2,b=-3,c=-1,e=1
```

六、逗号运算符

用逗号运算符将两个表达式连接起来所形成的表达式称为逗号表达式，其格式为：

```
表达式 1，表达式 2
```

逗号表达式的求解过程：先求解表达式 1，再求解表达式 2，则整个逗号表达式的值就是表达式 2 的值。

例如：z=(x=10,10+20)，z 的值为 30，x 的值为 10。

逗号表达式中的表达式又可以是一个逗号表达式，这样逗号表达式的一般形式就可以扩展成：

```
表达式 1, 表达式 2, 表达式 3, ……, 表达式 n
```

整个逗号表达式的值就是表达式 n 的值。

七、其他运算符

（一）强制类型转换运算符

当两种不同类型的数据进行运算时，C 语言会自动按规则进行类型的转换（譬如将 int 类型的数据赋值给 float 类型的变量，自动将 int 类型转为 float 类型）。此外，程序员还可以利用强制类型转换运算符将一个表达式转换成所需要的类型。

强制类型转换运算符的一般形式如下：

```
(类型名)表达式
```

例如：表达式(int)(x + y)表示先对 x+y 求和，再将和值转换成 int 类型，此时就不能误写成(int)(x)+y。

（二）位运算符

所谓位运算，就是指对一个数的二进制位的运算。在汇编语言中有位操作的指令，不过 C 语言也提供了位运算功能，可用于单片机的开发领域，因此 C 语言既具有高级语言的特点，同时又具有低级语言的特点。

C 语言提供了 6 个用于位操作的运算符，这些运算符只能作用于各种整型数据（如 char 型、int 型、unsigned 型、long 型）：

（1）&：按位与（二元运算符）；

（2）|：按位或（二元运算符）；

（3）^：按位异或（二元运算符）；

（4）<<：按位左移（二元运算符）；

（5）>>：按位右移（二元运算符）；

（6）~：按位取反（一元运算符）。

1. &（按位与运算）

参加运算的两个操作数按二进制位进行“与”运算，规则如下：

0&0=0　　0&1=0　　1&0=0　　1&1=1

&运算经常用于屏蔽某些二进制位。

2. |（按位或运算）

参加运算的两个操作数，按二进制位进行“或”运算，规则如下：

0|0=0　　0|1=1

1|0=1　　1|1=1

|运算经常用于设置某些位。

3. ^（按位异或运算）

参加运算的两个操作数，按二进制位进行“异或”运算，规则如下：

0^0=0　　0^1=1　　1^0=1　　1^1=0

从运算规则可以看出，与“1”异或位取反，与“0”异或位保留。按位异或还有一个特点：在一个数据上两次异或同一个数，结果变回原来的数。这个特点常常使用在动画程序设计中。

4. ~（按位取反运算）

~是一个单目运算符，它用来对一个二进制数按位取反，即 1 变 0，0 变 1。~运算符的优先级比算术运算符、关系运算符和其他位运算符都要高。

5. <<（按位左移运算符）

x<<n 表示把 x 的每一位向左移动 n 位，右边空出的位置补 0，同时原来的高位经过左移之后丢弃不用。

例如：对于变量“short x=64;”，则 x 对应的二进制表示为 00000000 01000000。将 x 左

移一位可以由语句“x=x<<1;”实现，其运算过程如下：

$(00000000\ 01000000)_2 << 1$ 转换为 $(00000000\ 10000000)_2$，而$(00000000\ 10000000)_2$对应的十进制整数是 128，也就是说 64<<1 相当于 64×2=128。

在一定范围内的按位左移 n 位，相当于原数的十进制数乘以 2n，但要注意范围限制，例如：$(01000000\ 00000000)_2$ <<2 之后却成为(00000000 00000000)2。

6.（>>）按位右移运算符

x>>n 表示把 x 的每一位向右移动 n 位，移到右端的低位被丢弃。对无符号数而言，左边空出的高位要补 0，而对于有符号数，左边空位上要补符号位上的值。

例如：无符号数 15 右移 2 位，即 15>>2，相当于$(00000000\ 00001111)_2$>>2，结果为$(00000000\ 00000011)_2$；而有符号数-6 右移 2 位，即(-6)>>2，相当于$(11111111\ 11111010)_2$>>2，结果就应该是$(11111111\ 11111110)_2$。此时得到的结果仍然是有符号数。

第二节　选择结构程序设计

结构化程序包括三种结构：顺序结构、选择结构、循环结构。顺序结构是 3 种结构中最简单、最常见的一种程序结构。其特点是：顺序结构中的语句是按照书写的先后顺序执行的，每个语句都会被执行到，并且只能执行一次。

【例 3-4】 输入三角形的三条边长，求三角形的面积，假定输入的三条边长能构成三角形。

已知三角形的三条边长 a、b、c，求三角形的面积，可以使用海伦公式。海伦公式如下：

$$p=\frac{1}{2}(a+b+c), s=\sqrt{p(p-a)(p-b)(p-c)}$$

用流程图和 N-S 图描述的算法如图 3-3 所示。

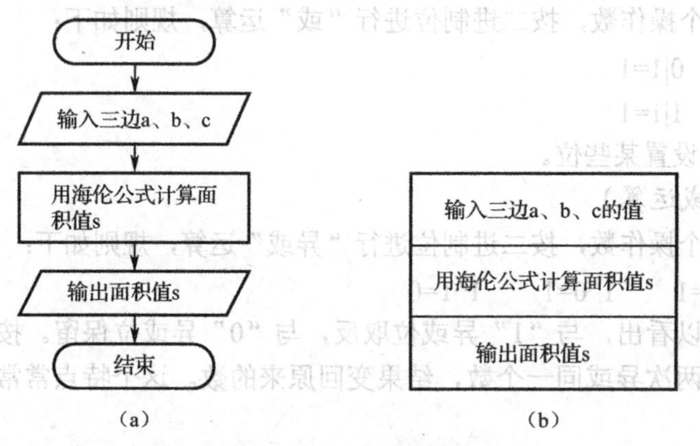

图 3-3 【例 3-4】的流程图和 N-S 图

（a）流程图描述；（b）N-S 图描述

基于图 3-3 所描述的算法编写的程序如下：

```
#include<stdio.h>
#include<math.h>
void main()
{
```

```
    float a,b,c,p,s;
    printf("input a,b,c=");
    scanf("%f,%f,%f",&a,&b,&c);
    p=0.5*(a+b+c);
    s=sqrt(p*(p-a)*(p-b)*(p-c));
    printf("s=%6.2f \n",s);
}
```

程序的运行结果如下：

```
input a,b,c=3,4,5↙
s=□□6.00
```

思考：如果例题改为已知三角形的三条边长 a=3，b=4，c=5，求三角形的面积，程序将如何改动？

到目前为止，所介绍的程序都属于顺序结构。但是在实际应用中，常常需要根据不同的情况选择不同的执行语句。以上这个程序的局限性很大，它不能判别三条边的长度是否满足构成三角形的条件。要想满足构成三角形的条件，需要进行改写程序如下：

```
#include<stdio.h>
#include<math.h>
void main()
{
float a,b,c,p,s;
printf("input a,b,c=");
scanf("%f,%f,%f",&a,&b,&c);
if(a<0||b<0||c<0||(a+b<c)||(b+c<a)||(c+a<b))
printf("date error !! \n");
else
{p=0.5*(a+b+c);
s=sqrt(p*(p-a)*(p-b)*(p-c));
printf("s=%6.2f \n",s);
}
}
```

程序运行结果如下：

```
input a,b,c=3,4,5↙
s=□□6.00
input a,b,c=0,2,3↙
date error !!
input a,b,c=9,2,4↙
date error !!
```

在 C 语言中，有时需要根据选择条件来确定程序的执行流程，选择某一个分支来执行，这样的程序结构称为选择结构（分支结构）。C 语言提供了两种控制语句来实现这种选择结构：if 条件语句和 switch 开关语句。

一、if 语句的常用格式

C 语言提供了三种格式：

（1）格式 1：

```
if (表达式)
语句;
```

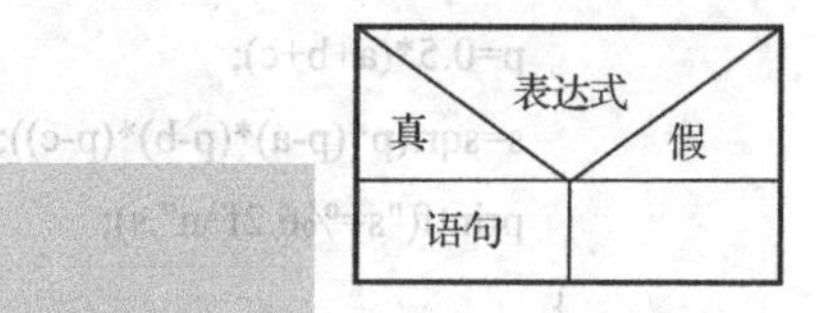

图 3-4 if 语句图解

该语句的功能是：首先计算表达式的值，然后判断表达式的值是否为非零（真），若为非零（真），则执行语句。其执行过程如图 3-4 所示。

【例 3-5】 输入一个字符 c，若 c 这个字符是字母，则输出“Yes!”。

```
#include <stdio.h>
void main()
{
    char c;
    c=getchar();
    if(c>='a' && c<='z'||c>='A' && c<='Z')
        printf("Yes!");
}
```

运行情况如下：

```
x↙
Yes!
```

【例 3-6】 任意输入两个整数，输出其中的大数。

```
#include <stdio.h>
void main()
{
int a,b,max;
printf("input a,b=");
scanf("%d,%d",&a,&b);
max=a;
if(max<b)
  max=b;
printf("max=%d\n",max);
}
```

运行情况如下：

```
input a,b=5,3↙
max=5
```

【例 3-7】 编写程序，求下列分段函数的值：

$$Z=\begin{cases}-1 & ,x<0\\ 0 & ,x=0\\ \ln x & ,x>0\end{cases}$$

程序如下：

```
#include <stdio.h>
#include <math.h>
void main()
{
    float x;
    double z;
    printf("\nx=");
    scanf("%f",&x);
    if(x<0)
        z=-1;
    if(x==0)
        z=0;
    if(x>0)
        z=log(x);
    printf("z=%f\n",z);
}
```

运行情况如下：

```
x=2↙
z=0.693147
```

（2）格式 2：

```
if (表达式)
  语句 1；
else
  语句 2;
```

该语句的功能是：首先计算表达式的值，然后判断表达式的值是否为非零（真），若非零（真），则执行语句 1，否则执行语句 2。其执行过程如图 3-5 所示。

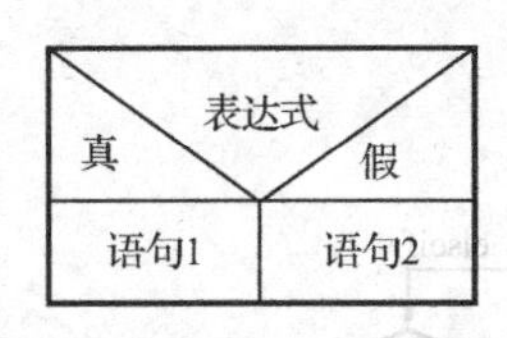

图 3-5 if...else 语句图解

【例 3-8】 输入两个数并判断两数是否相等。

算法的 N-S 图如图 3-6 所示。

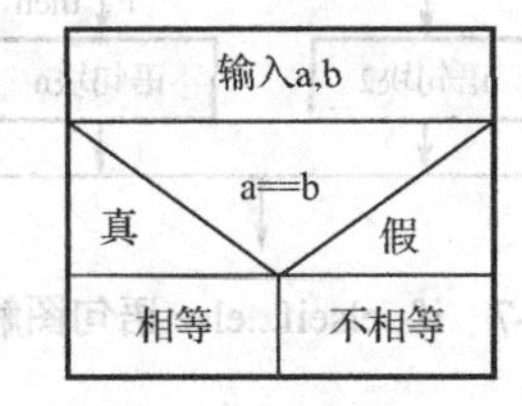

图 3-6 【例 3-8】算法的 N-S 图

程序如下：

```
#include <stdio.h>
void main()
{
    int a,b;
    printf("Enter integer a:");
    scanf("%d",&a);
    printf("Enter integer b:");
    scanf("%d",&b);
    if(a==b)
        printf("a==b\n");
    else
        printf("a!=b\n");
}
```

程序的运行结果如下：

```
Enter integer a:5↙
Enter integer b:7↙
a!=b
```

再运行一次：

```
Enter integer a:10↙
Enter integer b:10↙
a==b
```

说明：

① if 后面的表达式可以为任何类型的表达式，只要表达式的结果为非零，则表示条件成立，否则表示条件不成立。

② if 语句中的语句 1、语句 2 可以是一条语句，也可以是由{}构成的一个复合语句，如果在该语句处需要写多条语句才能完成必要的功能时，就使用复合语句的形式。

（3）格式 3（图 3-7）：

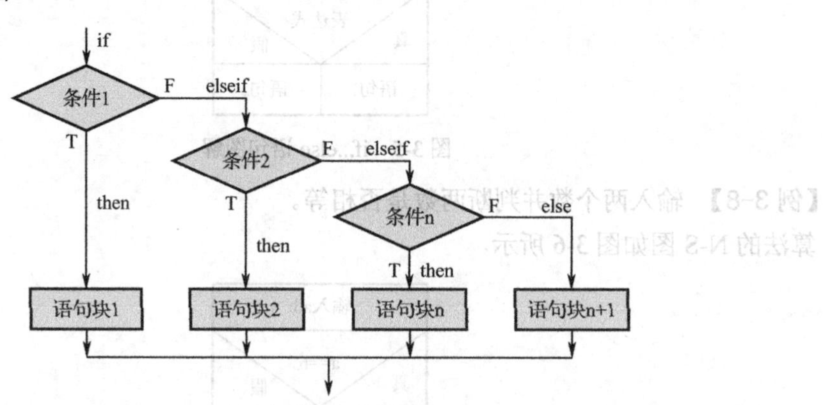

图 3-7　if...elseif...else 语句图解

```
if(表达式 1)
    语句 1;
else if(表达式 2)
    语句 2;
else if(表达式 3)
    语句 3;
......
else if(表达式 n)
    语句 n;
else 语句 n+1;
```

【例 3-9】 编写程序，输入一个成绩，当成绩<60 时，输出“Fail!”；当成绩为 60～69 时，输出“Pass!”；当成绩为 70～79 时，输出“Good!”；当成绩≥80 时，输出“Very Good!”。

程序如下：

```
#include <stdio.h>
void main()
{
int score;
printf("input score: ");
scanf("%d",&score);
if (score<60)
printf("Fail!");
else if (score<70)
printf("Pass!");
else if (score<80)
printf("Good!");
else printf("Very Good!");
}
```

程序的运行结果如下：

```
input score:55↙
Fail!
input score:65↙
Pass!
input score:95↙
Very Good!
```

二、if 语句的嵌套

```
if(表达式 1)
  if(表达式 2)
```

```
            语句 1;
    else
            语句 2;
        else
          if(表达式 3)
            语句 3;
          else
            语句 4;
```

在一个 if 语句中，如果又完全包含了另一个（或者多个）if 语句，则称为 if 语句的嵌套。C 语言规定：else 总是与它上面最近的且又没有配对的 if 语句进行配对。其执行过程如图 3-8 所示。

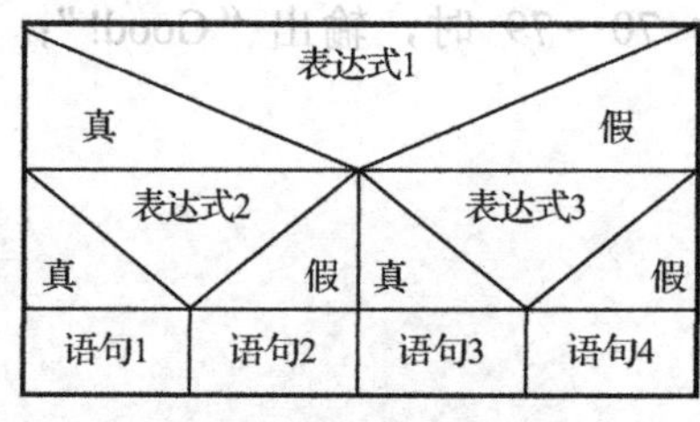

图 3-8　if 语句嵌套图解

【例 3-10】 编写程序，求下列分段函数的值：

$$Z=\begin{cases}-1, x<0 \\ 0, x=0 \\ \ln x, x>0\end{cases}$$

算法的 N-S 图如图 3-9 所示。

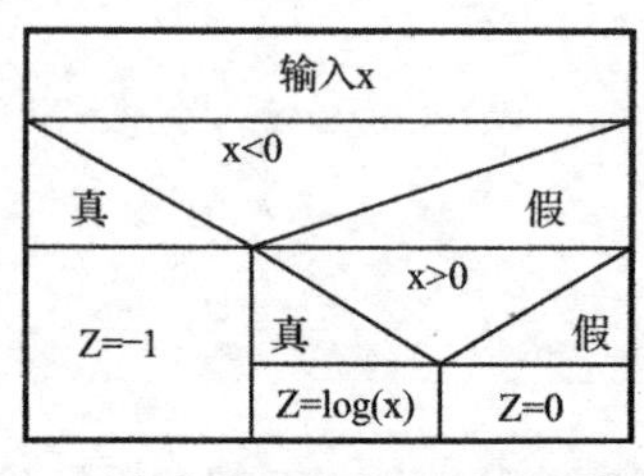

图 3-9　用嵌套的 if 语句求分段函数的解

程序如下：

```
#include <math.h>
#include <stdio.h>
void main()
{
    float x;
    double z;
    printf("\nx=");
    scanf("%f",&x);
    if(x<0)
```

```
            z=-1;
    else
            if(x>0)
                z=log(x);
            else
                z=0;
    printf("z=%f\n",z);
}
```

对【例 3-10】程序的另一种修改：

```
#include <math.h>
#include <stdio.h>
void main()
{   float x;
    double z;
    printf("\nx=");
    scanf("%f",&x);
    if(x<=0)
        if(x<0)
            z=-1;
        else
            z=0;
    else
        z=log(x);
    printf("z=%f\n",z);
}
```

三、switch 语句

前面介绍的 if 语句，常用于两种情况的选择结构，要表示两种以上条件的选择结构，则要用 if 语句的嵌套形式，但如果嵌套的 if 语句比较多时，程序比较冗长且可读性降低。在 C 语言中，可直接使用 switch 语句来实现多种情况的选择结构。switch 语句属于多分支结构语句，通常用于描述有多种情况的选择，其格式如下：

```
switch (表达式)
{
    case  常量表达式 1：
语句 1;
    case  常量表达式 2：
    语句 2;
......
    case 常量表达式 n：
```

```
        语句 n;
        default:
        语句(n+1);
    }
```

switch 语句的执行过程如下：

首先计算表达式的值，然后用此值查找各个 case 后面的常量表达式，直到找到一个等于表达式值的常量表达式，则转向该 case 后面的语句去执行。

若表达式的值与下面任何一个 case 常量表达式的值都不相等，则自动转去执行 default 部分的语句；如果没有 default 部分，退出该 switch 语句，执行 switch 语句后面的那条语句。

【例 3-11】 编写一个程序，要求输入学生的分数，输出其成绩的分数段，用 A、B、C、D、E 分别表示 90 分以上、80～89 分、70～79 分、60～69 分和不及格（0～59 分）5 个分数段。

程序如下：

```
#include <stdio.h>
void main( )
{ int score,grade;
    printf("\nInput a score(0~100):");
    scanf("%d",&score);
    grade=score/10;
    switch(grade)
    {
        case 0:
        case 1:
        case 2:
        case 3:
        case 4:
        case 5: printf("grade=E!\n"); break;
        case 6: printf("grade=D!\n"); break;
        case 7: printf("grade=C!\n"); break;
        case 8: printf("grade=B!\n"); break;
        case 9:
        case 10: printf("grade=A!\n");break;
        default:    printf("The score is out of range!\n");
    }
}
```

程序的运行结果如下：

```
Input a score(0~100):50 ↙
grade=E!
```

再运行一次：

```
Input a score(0~100):90 ↙
grade=A!
```

switch 语句的补充说明：

（1）switch 后的表达式，可以是整型或字符型，也可以是枚举类型，不能是除这三种类型以外的其他类型。

（2）每个 case 后的常量表达式只能是整型和字符型常量组成的表达式，当 switch 后的表达式的值与某个常量表达式的值一致时，程序就转到此 case 后的语句开始执行；如果没有一个常量表达式的值与 switch 后的值一致，就执行 default 部分的语句。

（3）每个 case 后的常量表达式的值必须互不相同，否则程序就无法判断应该执行哪个语句。

（4）case 的摆放顺序并不影响执行结果，但通常情况下是将出现频率较高（即较常使用）的 case 部分，尽量往前摆放；另外，default 部分也不一定非要放在最后。

（5）在执行完一个 case 后面的语句后，程序流程转到下一个 case 后的语句开始执行，直至整个 switch 语句结束，别误解为执行完一个 case 语句之后，程序就会转到 switch 后的语句去执行。

（6）如果希望在执行完某个 case 语句之后，转到执行 switch 下面的那条语句，则应该在该 case 语句的最后补上 break 语句（即跳转语句）。在执行完 break 语句之后，会跳出 switch 语句，转去执行 switch 后面的语句。

【例 3-12】 从键盘输入一个日期，判断这一天是这一年的第几天。

程序如下：

```
#include <stdio.h>
void main( )
{    int day, month, year,sum, leap;
     printf("\n Please input year,month,day\n");
     scanf("%d,%d,%d",&year,&month,&day);
     switch(month)                          /*先计算某个月之前的总天数*/
     {
       case 1: sum=0;     break;
       case 2: sum=31;    break;
       case 3: sum=59;    break;
       case 4: sum=90;    break;
       case 5: sum=120; break;
       case 6: sum=151; break;
       case 7: sum=181; break;
       case 8: sum=212; break;
       case 9: sum=243; break;
       case 10:sum=273; break;
       case 11:sum=304; break;
       case 12:sum=334; break;
       default:printf("data error");
```

```
    }
    sum+=day;                              /* 总天数再加上输入的日期 */
    if(year%400==0||(year%4==0 && year%100!=0))
      leap=1;                              /* 判断出是闰年 */
    else
      leap=0;
    if(leap==1&&month>2)
  sum++;
  /*如果是闰年且月份大于2，则总天数应再加1天 */
    printf("It is the %dth day.",sum);
```

【例 3-12】 程序分析：以2008年7月19日为例，首先应该把7月份之前共6个月的总天数加起来，然后再加上本月的19天就得到本年度的天数。

在特殊情况下，若该年是闰年且输入月份值大于2，需要考虑多加1天。

程序的运行结果如下：

```
Please input year,month,day
2008，7，19↙  {输入年、月、日}
It is the   201th day. {输出}
```

四、选择结构程序设计举例

【例 3-13】 求一元二次方程 $ax^2+bx+c=0$ 的实数解，并显示结果，这里假设 $a\neq0$。

算法的 N-S 图如图 3-10 所示。程序如下：

```
#include <stdio.h>
#include <math.h>
void main()
{    float a,b,c,d;
     printf("\n a=");
     scanf("%f",&a);
     printf(" b=");
     scanf("%f",&b);
     printf(" c=");
     scanf("%f",&c);
     d=b*b-4*a*c;
     if(d>0) {   printf("\nx1=%f", (-b+sqrt(d))/(a*2));
                 printf("\nx2=%f", (-b-sqrt(d))/(a*2));}
     else if(d==0) printf("\n x1=x2=%f",(-b)/(a*2));
            else   printf("\nThe equation has no real root!");
}
```

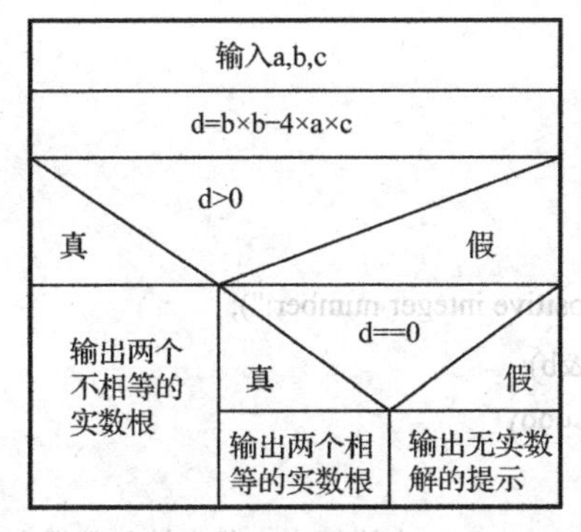

图 3-10 用嵌套的 if 语句求一元二次方程的解

程序的运行结果如下：

```
第一次运行：
5  7  2  ↙
x1=-0.400000
x2=-1.000000
第二次运行：
4  4  1↙
x1=x2=－0.500000
第三次运行：
4  1  4↙
The equation has no real root!
```

【例 3-14】 输入两个正整数 a 和 b，其中 a 不大于 31，b 最大不超过三位数。使 a 在左，b 在右，拼成一个新的数 c。例如 a=23，b=30，则 c 为 2 330。若 a=1，b=15，则 c 为 115。

分析：根据以上问题，可以从中抽象分析出以下数学模型，决定 c 的值的计算公式如下：

当 b 为一位数时，c=a×10+b；

当 b 为二位数时，c=a×100+b；

当 b 为三位数时，c=a×1000+b。

因此，求 c 的公式为 c=a×k+b（k 的取值可以为 10、100 或 1 000）。

算法的 N-S 图如图 3-11 所示。

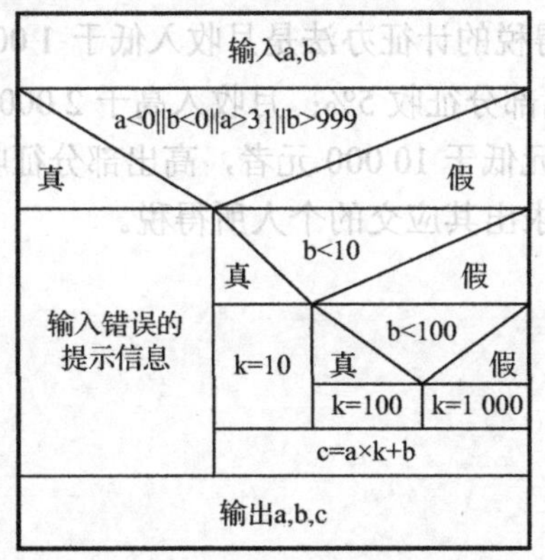

图 3-11 【例 3-14】的 N-S 图

程序如下：

```
#include <stdio.h>
void main( )
{   int a,b,c,k;
    printf("\nInput two positive integer number:");
     scanf("%d,%d",&a,&b);
     if(a<0||b<0||a>31||b>999)
     {
          c=-1;              /* 出错标志，代表输入数据有误 */
          printf("Input data error!");
     }
     else
     {  if(b<10) k=10;
            else if(b<100)
                     k=100;
              else if(b<1000)
                     k=1000;
          c=a*k+b;
     }
     printf("\na=%2d,b=%3d,c=%5d",a,b,c);
}
```

程序的运行结果如下：

```
第一次运行：
Input two positive integer number: 23, 30 ↙
a=23，b=30，c=2330
第二次运行：
Input two positive integer number: 44,19 ↙
Input data error!
a=44，b=19，c=-1
```

【例 3-15】 假设个人所得税的计征办法是月收入低于 1 000 元者，不计税；月收入高于 1 000 元低于 2 000 元者，高出部分征收 5%；月收入高于 2 000 元低于 5 000 元者，高出部分征收 10%；月收入高于 5 000 元低于 10 000 元者，高出部分征收 15%，高于 10 000 元的征收 35%。输入一个人的月收入，求出其应交的个人所得税。

程序如下：

```
#include<stdio.h>
void main( )
{   long int r;
    float f;
    printf("Input an integer to r:");
    scanf("%ld", &r);
```

```
        if(r>0)
        {
            switch(r/1000)
            {
              case 0: f=0; break;
              case 1: f=(r-1000)*0.05; break;
              case 2:
              case 3:
              case 4: f=1000*0.05+(r-2000)*0.1; break;
case 5:
              case 6:
              case 7:
              case 8:
              case 9:   f=1000*0.05+3000*0.1+(r-5000)*0.15;
              break;
      default: f=1000*0.05+3000*0.1+ 5000*0.15+(r-10000)*0.35;
            }
        printf("f=%f",f);
      }
      else
        printf("Input a data error!");
    }
```

【例 3-16】 输入两个实数 a、b，再输入一个运算符（可以是+、-、*或/），根据运算符计算并输出 a、b 两个数的和、差、积和商。

程序如下：

```
#include<stdio.h>
void main( )
{
    float a,b;
    char c;
    scanf("%f%f",&a,&b);
    c=getchar();
    switch(c)
    {
      case '+': printf("%f+%f=%f\n",a,b,a+b); break;
      case '-': printf("%f-%f=%f\n",a,b,a-b); break;
      case '*': printf("%f*%f=%f\n",a,b,a*b); break;
      case '/': if(b) printf("%f/%f=%f\n",a,b,a/b); break;
      default : printf("Can't compute!");
```

```
        }
    }
```

程序的运行结果如下：

```
第一次运行：
5  8+ ↙
5.000000+8.000000=13.000000
第二次运行：
5  6/ ↙
5.000000/6.000000=0.833333
```

【例 3-17】 给一个不多于 5 位的正整数，编程求：① 它是几位数；② 逆序打印出各位数字；③ 若为两位以上的数，则判断该数是否为回文数。

分析：分解出该数每一个数位上的数字。若万位数大于零，则为 5 位数；否则，若千位数大于零，则为 4 位数；否则，若百位数大于零，则为 3 位数；否则，若十位数大于零，则为两位数；否则，若个位数大于零，则为 1 位数；否则，提示输入错误。

所谓回文数，是指左、右对称的数，即从左往右读与从右往左读得到的结果一样，譬如 161 就是回文数。

若为 5 位数，只需判断该数的个位数与万位数是否相同，十位数与千位数是否相同，若两者均相同，则为回文数。对于其他位数的判断，分析方法类似。

程序如下：

```
#include <stdio.h>
void main( )
{
    int a,b,c,d,e;
    long   x;
    do
    {
printf("\n Please input a positive integer number to x:");
        scanf("%ld",&x);
    } while(x<=0||x>=100000);
/* 上述循环能够确保输入的 x 一定是一个不超过 5 位的正整数 */
    a=x/10000;                    /* 分解出万位数字 */
    b=x%10000/1000;               /* 千位数字 */
    c=x%1000/100;                 /* 百位数字 */
    d=x%100/10;                   /* 十位数字 */
    e=x%10;                       /* 个位数字 */
if(a>0)                           /* 万位数字 */
{   printf("there are 5, %d %d %d %d %d\n",e,d,c,b,a);
    if(e==a && d==b)printf("this number is a huiwen\n");
    else printf("this number is not a huiwen\n");
}
```

```
else
  if(b>0)                                        /* 千位数字 */
  { printf("there are 4,%d %d %d %d\n",e,d,c,b);
    if(e==b&&d==c)printf("this number is a huiwen\n");
    else printf("this number is not a huiwen\n");
  }
  else
    if(c>0)                                      /* 百位数字 */
    { printf(" there are 3,%d %d %d\n",e,d,c);
      if(e==c) printf("this number is a huiwen\n");
      else printf("this number is not a huiwen\n");
    }
else
      if(d>0)                                    /* 十位数字 */
      { printf("there are 2,   %d   %d\n",e,d);
        if(e==d) printf("this number is a huiwen\n");
        else printf("this number is not a huiwen\n");
      }
      else                                       /* 个位数字 */
        if(e>0) printf("there are 1, %d\n",e);
}
```

程序的运行结果如下：

```
Please input a positive integer number to x:5   4   3 ↙
there are 3,   3   4   5
this number is not a huiwen
```

再运行一次：

```
Please input a positive integer number to x:1   2   1 ↙
there are 3, 1 2 1
this number is a huiwen
```

第三节　循环程序设计

循环结构是结构化程序设计的 3 种基本结构之一，在数值计算和很多问题的处理中都需要用到循环控制。几乎所有的应用程序都包含循环，循环结构和顺序结构、选择结构共同作为各种复杂结构程序的基本构造单元。因此熟练地掌握选择结构和循环结构的概念并使用之，是程序设计最基本的要求。

C 语言中提供了常用的实现循环结构的方法：

（1）用 while 语句；

（2）用 do-while 语句；

（3）用 for 语句。

一、while 语句

while 语句又称作当循环语句，其一般形式如下：

```
while (表达式) 循环体语句;
```

while 语句的执行过程如下：

第 1 步：计算表达式的值，若表达式的值为真（非 0），则执行第 2 步；若表达式的值为假（值为 0），则转到第 4 步执行。

第 2 步：执行循环体语句，循环体语句可以是简单的一条语句，也可以是由多条语句构成的复合语句。

第 3 步：转到第 1 步执行。

第 4 步：结束循环，执行 while 语句后的第一条语句。

其执行过程如图 3-12 所示。

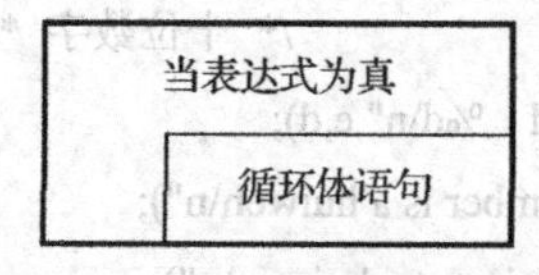

图 3-12　while 语句执行图解

【例 3-18】 用 while 语句来求 100 以内偶数的和。

算法的 N-S 图如图 3-13 所示。

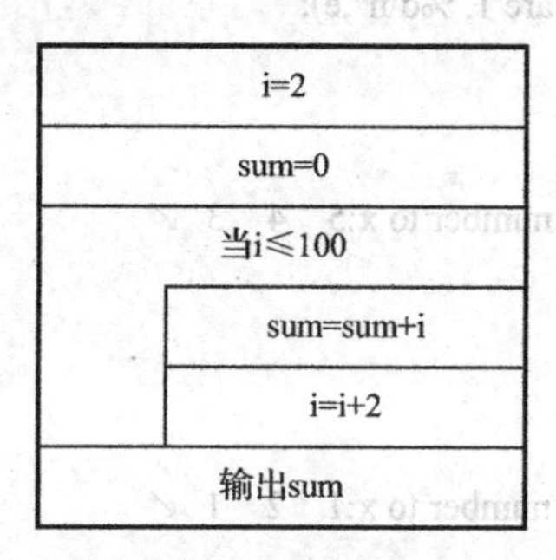

图 3-13　【例 3-18】算法的 N-S 图

程序如下：

```
#include <stdio.h>
void main( )
{
    int sum=0,i=2;
    while(i<=100)
    {
        sum=sum+i;
         i=i+2;
    }
    printf("2+4+…+100=%d",sum);
}
```

有关 while 循环的说明：

（1）可以事先不清楚 while 循环的次数，因为在循环执行时，能够根据条件来判定循环是否终止。

（2）循环体语句可以是简单的语句，也可以是复合语句；若为复合语句，则需要用花括号括起来。

（3）在循环体语句中，一定要有改变循环条件的语句，使循环最终能够终止。例如：【例 3-18】中的“i=i+2;”就是控制循环变量 i 不断地加 2，朝着循环的终止条件（i<=100）逼近。此处若删除循环控制语句“i=i+2;”，即 i 值永远不变，则循环条件（i<=100）即 2<=100 永真，此时的无限循环称为死循环，编程时应杜绝死循环的出现。

【例 3-19】 阅读下面的程序，写出运行结果。

```
#include <stdio.h>
void main( )
{
    int i=1, s=1;
    while(i<7) s*=i;
    printf("\n s=%d\n",s);
}
```

显然，本例在循环体中缺少用来控制循环变量的值变化的语句，因此导致程序中出现死循环。

若上述程序在 Visual C++6.0 环境下运行，由于死循环，因此不会出现运行结果，此时应该按下组合键“Ctrl+Break”，或者单击运行窗口上的“关闭”按钮来终止程序的运行，返回到编辑状态对程序进行修改。

二、do-while 语句

do-while 循环语句又称直到型循环语句。

C 语言中 do-while 语句的格式如下：

```
do
    循环体语句;
while (表达式);
```

do-while 语句的执行过程如下：

（1）执行循环体语句，循环体语句可以是简单的一条语句，也可以是由多条语句构成的复合语句；

（2）计算表达式的值，如果表达式的值为真（非 0），则执行第（1）步，若表达式的值为假（值为 0），则转到第（3）步执行；

（3）循环结束之后，执行 do-while 语句下面的那条语句。

其执行过程如图 3-14 所示。

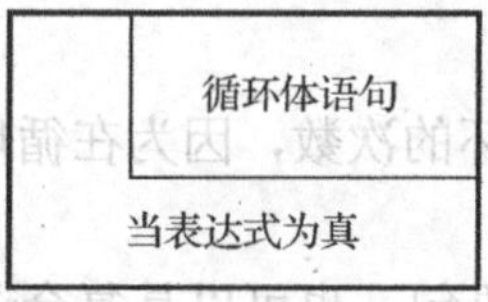

循环体语句

当表达式为真

图 3-14 do-while 语句执行图

【例 3-20】 用 do-while 语句来求 100 以内的奇数和。

算法的 N-S 图如图 3-15 所示。

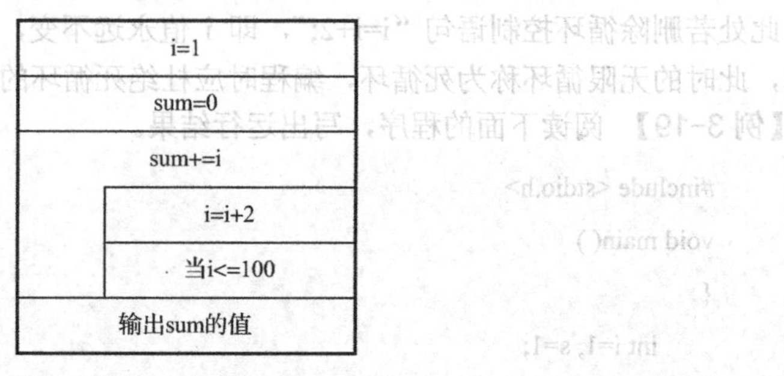

图 3-15 【例 3-20】算法的 N-S 图

程序如下：

```
#include <stdio.h>
void main( )
{
    int sum=0,i=1;
    do
    {    sum+=i;
         i=i+2;
    }while(i<=100);
    printf("\n 1+3+…+99=%d\n",sum);
}
```

程序的运行结果如下：

```
1+3+…+99=2500
```

有关 do-while 循环的说明：

（1）do-while 语句一般用于事先不知道循环次数的情况下，在循环执行的过程中，根据条件来决定循环是否结束。

（2）在循环体语句中可以是一条简单的语句，也可以是复合语句，若为复合语句则要用花括号括起来。

（3）在循环体语句中，一定要有改变循环条件的语句，以使循环能终止。如【例 3-20】中的“i=i+2;”语句就是使循环变量 i 增加 2，改变循环条件的语句，若没有该语句，则 i 的值永远不会改变，循环就是一个死循环。

（4）在 while（表达式）的后面一定要有一个分号，它用来表示 do-while 语句的结束。

（5）do-while 语句和 while 语句的最大差别就是 do-while 语句至少要执行一次循环体语句，而 while 语句可以一次都不执行。

【例 3-21】 while 循环和 do-while 循环的比较。

程序如下：

```
void main()                                  void main()
{                                            {
    int m,n=1;                               int m,n=1;
    scanf("%d",&m);                              scanf("%d",&m);
    do                                           while(m<=10)
    {                                            {
      n+=m;                                          n+=m;
      m++;                                           m++;
    } while(m<=10);                              }
    printf("n=%d,m=%d",n,m);                 printf("n=%d,m=%d",n,m);
}                                            }
```

程序的运行结果如下：　　　　　　　　程序运行结果如下：

```
5 ↙                                     5 ↙
n=46, m=11                              n=46, m=11
```

再运行一次：　　　　　　　　　　　　再运行一次：

```
11 ↙                                    11 ↙
n=12,m=12                               n=1,m=11
```

三、for 语句

C 语言中的 for 语句使用最为灵活，不仅可用于循环次数已经确定的情况，还可用于循环次数不确定而给出循环结束条件的情况，它完全可以代替 while 语句。

for 语句的一般形式为：

```
for(表达式 1；表达式 2；表达式 3) 循环体语句
```

其执行过程如下：

（1）先求解表达式 1。

（2）求解表达式 2，若为真（表达式 2 的值为非 0），则执行 for 语句中指定的内嵌循环体语句，然后执行第（3）步，若为假（表达式 2 的值为 0），则结束循环，转到第（5）步。

（3）求解表达式 3。

（4）返回第（2）步继续执行。

（5）循环结束，执行 for 语句后面的第一条语句。

for 语句执行过程的图解如图 3-16 所示。

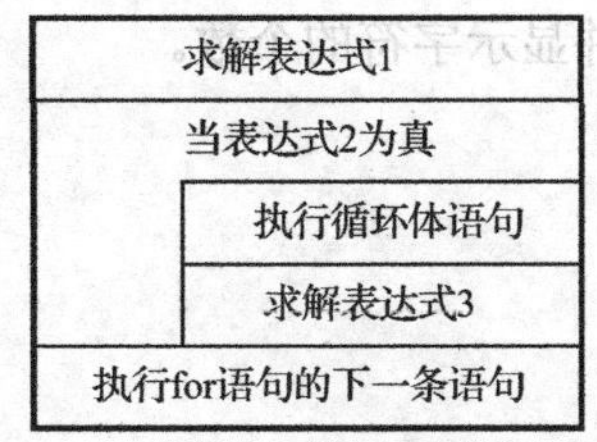

图 3-16　for 语句执行过程的图解

说明：

（1）可以把 for 循环的格式“for(表达式 1；表达式 2；表达式 3) 循环体语句”改写为以下容易理解的形式：

```
for(循环变量赋初值; 循环条件; 循环变量增值)循环体语句
```

（2）for 语句中的表达式 1 可以省略，但其后面的分号不能省略，此时应在执行 for 语句之前，给循环变量赋初值，即

```
for(；表达式 2；表达式 3) 循环体语句
```

（3）表达式 2 也可省略，但其后的分号不能省略，即

```
for(表达式 1；；表达式 3) 循环体语句
```

注意：此时等于没有循环条件，执行 for 语句时，就不要判断循环条件，也就认为表达式 2 始终为真。此时循环体中一定要有一条语句能够跳出循环，否则将是一个死循环。

（4）表达式 3 也可以省略，但它前面的分号不能省略，即

```
for(表达式 1；表达式 2；) 循环体语句
```

注意：此时应在循环体中有用于改变循环变量值的语句，否则循环也会变成死循环。表达式 1、表达式 2、表达式 3 可以省略一个或者两个，也可同时全部省略，但对应的分号不能省略，譬如：

```
for(表达式 1；；) 循环体语句
for(；表达式 2；) 循环体语句
for(；；表达式 3) 循环体语句
for(；；) 循环体语句
```

表达式 1、表达式 2、表达式 3 可以是任何类型的表达式，包括逗号表达式。它们既可以是与循环变量有关的表达式，也可以是与循环变量无关的表达式。

【例 3-22】 求 1 000 以内的奇数和。

程序如下：

```
#include <stdio.h>
void main( )
{
    int i;
    long int sum=0;
    for(i=1; i<1000; i+=2) sum+=i;
    printf("\n sum=%ld\n",sum);
}
```

程序的运行结果如下：

```
sum=250000
```

【例 3-23】 从键盘接收字符并显示字符的个数。

```
#include <stdio.h>
void main( )
{
    int i;
    char c;
```

```
    for(i=0;(c=getchar())!='\n';i++);
    printf("The sum is %d\n",i);
}
```

程序的运行结果如下：

```
I am a chinese!   {输入的字符序列，最后以按回车键结束}
The sum is 15
```

请注意：该例中循环体语句为空语句，即什么都不做，其实程序把循环体要执行的工作，全部移到 for 后面的表达式中了。

【例 3-24】 中国剩余定理：“有物不知几何，三三数余一，五五数余二，七七数余三，问物有几何？”编程求 1 000 以内的所有解。

```
#include <stdio.h>
void main( )
{   int m,count=0;
    for(m=1;m<=1000;m++)
        if(m%3==1 && m%5==2 && m%7==3)
        {   printf("%5d",m);
            count++;
            if(count%5==0) printf("\n");
        }
}
```

程序的运行结果如下：

```
   52  157  262  367  472
  577  682  787  892  997
```

四、多重循环

如果在循环结构中又包含另外一个循环结构，称为多重循环，也叫循环的嵌套。

注意：内循环必须完全嵌套于外循环中，内、外循环不能交叉，并且内、外循环的循环控制变量不能同名。

【例 3-25】 打印图 3-17 所示的“九九”乘法表。

```
1*1=1  1*2=2   1*3=3   1*4=4   1*5=5   1*6=6   1*7=7   1*8=8   1*9=9
2*1=2  2*2=4   2*3=6   2*4=8   2*5=10  2*6=12  2*7=14  2*8=16  2*9=18
3*1=3  3*2=6   3*3=9   3*4=12  3*5=15  3*6=18  3*7=21  3*8=24  3*9=27
4*1=4  4*2=8   4*3=12  4*4=16  4*5=20  4*6=24  4*7=28  4*8=32  4*9=36
5*1=5  5*2=10  5*3=15  5*4=20  5*5=25  5*6=30  5*7=35  5*8=40  5*9=45
6*1=6  6*2=12  6*3=18  6*4=24  6*5=30  6*6=36  6*7=42  6*8=48  6*9=54
7*1=7  7*2=14  7*3=21  7*4=28  7*5=35  7*6=42  7*7=49  7*8=56  7*9=63
8*1=8  8*2=16  8*3=24  8*4=32  8*5=40  8*6=48  8*7=56  8*8=64  8*9=72
9*1=9  9*2=18  9*3=27  9*4=36  9*5=45  9*6=54  9*7=63  9*8=72  9*9=81
```

图 3-17 “九九”乘法表（1）

程序如下：

```
#include <stdio.h>
void main( )
{
    int i,j;
    for(i=1;i<=9;i++)                /*外循环，控制行*/
    {
        for(j=1;j<=9;j++)            /*内循环，控制列*/
            printf("%d*%d=%d\t",i,j,i*j);
        printf("\n");
    }
}
```

本例的 N-S 图如图 3-18 所示。

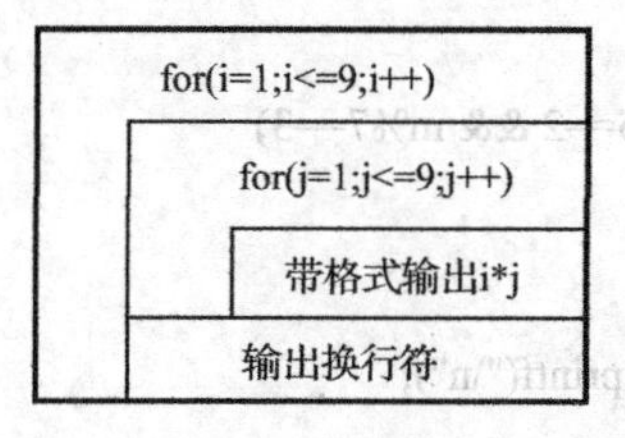

图 3-18 【例 3-25】算法的 N-S 图

思考：如果想打印出以下形状的“九九”乘法表，该如何编程？

第 1 种图形如图 3-19 所示。

```
1*1=1
2*1=2   2*2=4
3*1=3   3*2=6   3*3=9
4*1=4   4*2=8   4*3=12  4*4=16
5*1=5   5*2=10  5*3=15  5*4=20  5*5=25
6*1=6   6*2=12  6*3=18  6*4=24  6*5=30  6*6=36
7*1=7   7*2=14  7*3=21  7*4=28  7*5=35  7*6=42  7*7=49
8*1=8   8*2=16  8*3=24  8*4=32  8*5=40  8*6=48  8*7=56  8*8=64
9*1=9   9*2=18  9*3=27  9*4=36  9*5=45  9*6=54  9*7=63  9*8=72  9*9=81
```

图 3-19 “九-九”乘法表（2）

第 2 种图形如图 3-20 所示。

```
1*1=1   1*2=2   1*3=3   1*4=4   1*5=5   1*6=6   1*7=7   1*8=8   1*9=9
2*1=2   2*2=4   2*3=6   2*4=8   2*5=10  2*6=12  2*7=14  2*8=16
3*1=3   3*2=6   3*3=9   3*4=12  3*5=15  3*6=18  3*7=21
4*1=4   4*2=8   4*3=12  4*4=16  4*5=20  4*6=24
5*1=5   5*2=10  5*3=15  5*4=20  5*5=25
6*1=6   6*2=12  6*3=18  6*4=24
7*1=7   7*2=14  7*3=21
8*1=8   8*2=16
9*1=9
```

图 3-20 “九-九”乘法表（3）

【例 3-26】 问用 1、2、3、4 个这四个数字能够组成多少个互不相同且无重复数字的三位数？它们分别是多少？

程序如下：

```
#include <stdio.h>
void main( )
{
int i,j,k,count=0;
for(i=1;i<5;i++)                      /*判断百位数字 i */
for(j=1;j<5;j++)                      /*判断十位数字 j */
for (k=1;k<5;k++)                     /*判断个位数字 k */
{
if (i!=k && i!=j && j!=k)             /*确保 i、j、k 互不相同*/
{
count++;                              // 统计个数
printf("%d%d%d     ",i,j,k);          // 输出
if(count%5==0)
printf("\n");
}
}
printf("\ncount=%d\n",count);
}
```

程序的运行结果如下：

```
123   124   132   134   142
143   213   214   231   234
241   243   312   314   321
324   341   342   412   413
421   423   431   432
count=24
```

五、break 语句

break 语句的格式如下：

```
break;
```

break 语句的作用是从 switch、for、while 或 do-while 语句中跳出，终止这些语句的执行，把控制流程转移到被中断的循环语句（或者 switch 语句）后去执行。

通过使用 break 语句，可以不必等到循环或 switch 语句执行结束，而是根据情况，提前结束这些语句的执行，如图 3-21 所示。

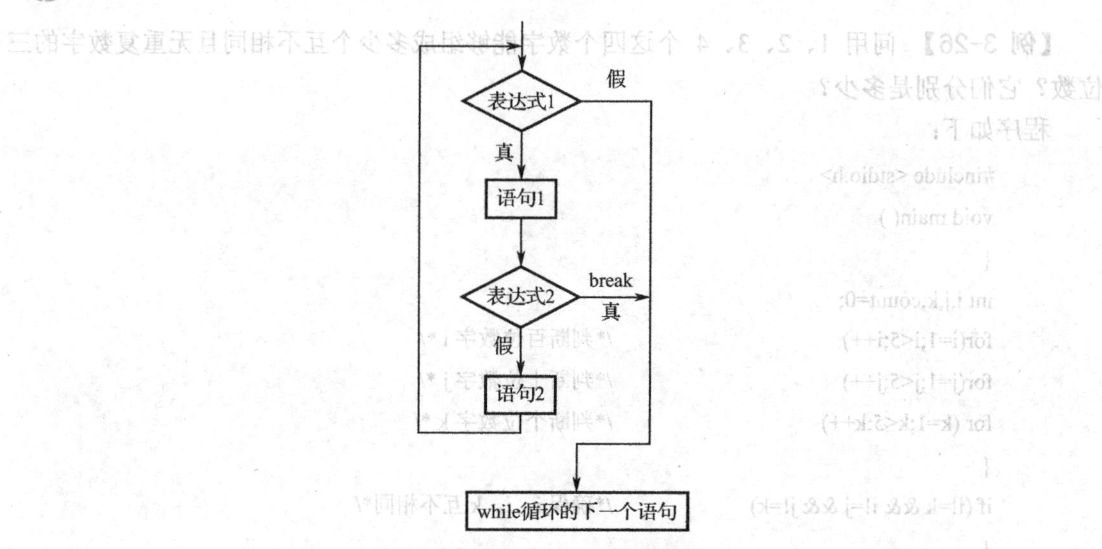

图 3-21　break 与 while 连用

【例 3-27】 求当半径 r 为何值时，圆的面积第一次开始大于 100？

程序如下：

```
#include <stdio.h>
void main( )
{
    int r;
    float area, pi=3.1415927;
    for(r=1;    ;r++)
    {   area=pi*r*r;
        if(area>100) break;
        printf("%f\n",area);
    }
    printf("r=%d\n",r);
}
```

程序的运行结果如下：

```
3.141593
12.566371
28.274334
50.265484
78.539818
r=6
```

本程序运行后，for 循环运行了 5 次，当运行第 6 次（r=6）时，area=113.097 336>100，这时程序不输出 area 的值，同时中断了 for 循环语句的继续运行，转到 for 循环的下一条语句输出 r 的值。

六、continue 语句

continue 语句的格式如下：

```
continue;
```

continue 语句的作用是提前结束本次循环，即跳过循环体中那些尚未执行的语句，紧接着进行下一次是否执行循环的判断，如图 3-22 所示。

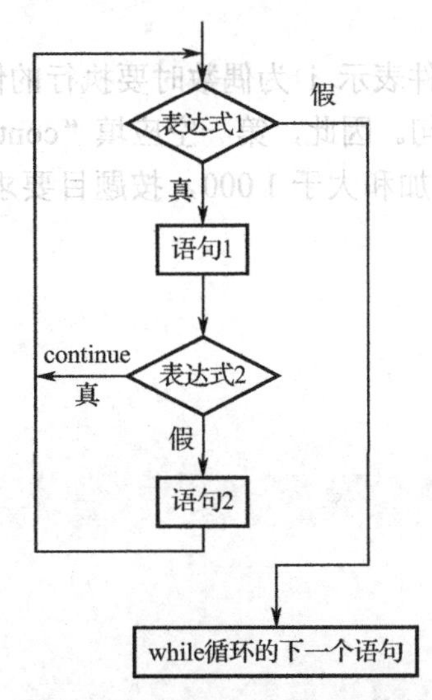

图 3-22 continue 与 while 连用

【例 3-28】 从键盘输入整数，显示出其中的正整数，若输入的是 100，则退出。

程序如下：

```
#include <stdio.h>
void main( )
{
    int x;
    do
    {   scanf("%d",&x);
        if(x<0) continue;
        printf("%d\n",x);
    }
    while(x!=100);
}
```

【例 3-29】 下面程序的作用是求连续的奇数和，当奇数和刚好超过 1 000 时停止计算，并按运行结果输出。程序中有两空，请补充完整，使之能实现上述功能。

```
#include <stdio.h>
void main()
{
    int i,sum=0;
```

```
        for(i=1;;i++)
        {   if(i%2==0)  ____________;
            sum+=i;
            if(sum>1000)  ____________;
        }
        printf("1+3+5+…+%d=%d\n",i,sum);
    }
```

程序分析：

在程序中，第一空前面的条件表示 i 为偶数时要执行的情况，由于本题偶数不符合题目累加的条件，故不应执行累加语句。因此，第一空应填“continue”。

第二个空前面的条件表示累加和大于 1 000，按题目要求应退出循环，因此，第二空应填“break”。

答案：

（1）continue；

（2）break。

程序的运行结果如下：

```
1+3+5+…+63=1024
```

七、循环程序设计举例

【例 3-30】 从键盘输入一个整数 n，判断 n 是否为素数。

素数又叫质数，是指只能被 1 和它本身整除的自然数。在编程时，可以根据素数的定义进行判断，不过循环次数太多，效率较低。

这里介绍一种效率更高的求素数的方法：

引入一个整型变 k= $\sqrt{n}$ 。让变量 j 位于区间[2,k]内，从 j=2 开始循环，直至 j=k 结束，判断变量 n 能否被变量 j 整除。如果在区间[2,k]内有变量 n 能被变量 j 整除，则 j 值必然小于或等于 k 值，表明 n 不是素数，应该提前结束循环。

如果变量 n 不能被[2,k]之间的任何一个整数整除，则表明 n 是素数。

```
#include<stdio.h>
#include<math.h>
void main( )
{   int n,j,k;
    printf("\n Input an integer to n:");
    scanf("%d", &n);
    k=sqrt(n);
    j=2;
    while(j<=k)
    {
        if(n%j==0)break;
        j++;
```

```
    }
    if(j>=k+1)printf("\n %d is a prime number!\n",n);             /*是素数*/
    else printf("\n %d is not a prime number!\n",n);              /*不是素数*/
}
```

程序的运行结果如下：

```
Input an integer to n: 235 ↙
235 is not a prime!
```

再运行一次：

```
Input a integer to n: 29 ↙
29 is a prime!
```

【例 3-31】 某人想将手中一张 100 元的人民币兑换成 5 元、1 元和 5 角这三种面值的零钞，同时要求所兑换的零钞总数为 100 张，而且每种零钞的数目不少于 1 张。问有哪几种兑换方法？

假设兑换后 5 元面值的钞票有 i 张，1 元面值的钞票有 j 张，5 角面值的钞票有 k 张，则有以下方程组成立：

$$\begin{cases} i+j+k=100 \\ 10i+2j+k=200 \end{cases}$$

不过三个变量只能列出两个方程式，这是一个不定方程组的求解。其实题目中还隐含了如下条件：1≤i<20，且 1≤j<95，且 1≤k<=98，在 i、j、k 的取值范围内尝试各种可能的情况，从中判断哪种可能是符合要求的解，这就是穷举法的思想。

程序如下：

```
#include<stdio.h>
void main( )
{
    int i,j,k;
    printf("\n         i          j          k\n");
    for(i=1;i<20;i++)                          /*5 元面值*/
        for(j=1;j<95;j++)                      /*1 元面值*/
            for(k=1;k<=98;k++)                 /*5 角面值*/
      if ((i+j+k==100)&&( 10*i+2*j+k==200))
          printf("%7d%7d%7d\n",i,j,k);
}
```

程序的运行结果如下（有 11 组解）：

```
i      j      k
1      91     8
2      82     16
3      73     24
4      64     32
5      55     40
6      46     48
```

```
        7       37      56
        8       28      64
        9       19      72
        10      10      80
        11      1       88
```

穷举法的基本思路是：穷举各种可能的情况，这是一种“在没有其他办法的情况下的方法”，虽然不是一种简捷的方法，然而对一些无法用解析法求解的问题往往能奏效。

【例 3-32】 利用格里高利公式求π。

计算π的公式为：$\frac{\pi}{4}=1-\frac{1}{3}+\frac{1}{5}-\frac{1}{7}+\cdots$ ，直到最后一项的值小于 10^{-6} 为止。

算法的 N-S 图如图 3-23 所示。

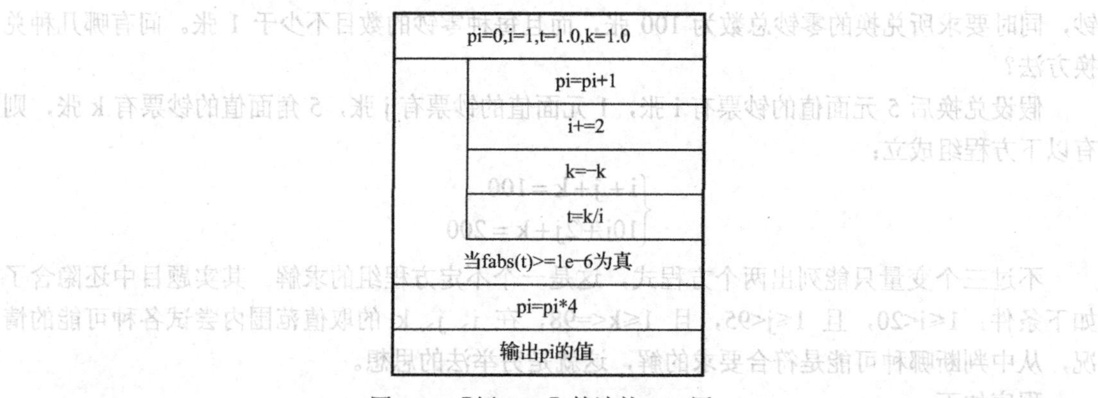

图 3-23 【例 3-32】算法的 N-S 图

程序如下：

```
#include <stdio.h>
#include <math.h>
void main()
{    float k,i;
     double t,pi;
     pi=0;    t=1.0;
     i=1;        k=1.0;
     do
     {   pi=pi+t;
         i=i+2;
         k=-k;
         t=k/i;
     } while(fabs(t)>=1e-6);
     pi=pi*4;
     printf("\n pi=%f\n",pi);
}
```

程序的运行结果如下：

```
pi=3.141591
```

第四节 综合程序应用举例

【例 3-33】 编写一个程序，输入 10 个学生的成绩，输出最高成绩和最低成绩。

程序如下：

```
#include <stdio.h>
void main( )
{
int i;
float score,max,min;
printf("input 10 score:\n");
scanf("%f",&score);
max=score;
min=score;
for(i=2;i<=10;i++);
{
scanf("%f",&score);
if (score>max)   max=score;
if (score<min)   min=score;
}
printf("\nmax=%6.2f   min=%6.2f \n",max,min);
}
```

程序的运行结果如下：

```
input 10 score:
75 89 66 48 98 100 79 85 90 68↙
max=100.00   min=_48.00
```

【例 3-34】 对一批货物征收税金。价值在 1 万元以上的货物征收 5%的税金；价值在 5 000 元以上，1 万元以下的货物征收 3%的税金；价值在 1 000 元以上，5 000 元以下的货物征收 2%的税金；价值在 1 000 元以下的货物免税。编写程序，读入货物价格，计算并输出税金。

分析：从题目中可以看出，税金的征收分四种情况，可以采用四个 if 语句来编写程序，也可以采用 if 语句的嵌套来编写程序。但这两种方法因为多次使用 if 语句，会使程序结构不清晰，容易出现划分区间交叉的错误。

一般来说，当出现三个以上分支的情况，可以考虑采用 switch 语句来实现。本题既可以使用 if 语句，也可以使用 switch 语句，这里使用了 switch 语句。

要使用 switch 语句，必须将货物价值 price 与税金的关系，转换成某些整数与税金的关系。通过分析可知，税金的变化点都是 1 000 的整数倍，譬如 1 000、5 000、10 000…。如果能将价值 price 整除 1 000，则对应关系就显现了：

price<1 000　　　　　对应 0

1000≤price<5 000　　对应 1、2、3、4

5 000≤price<10 000　　对应 5、6、7、8、9

10 000≤price　　　　对应 10、11、12、…

程序如下：

```
#include <stdio.h>
void main( )
{   long x, price;
    float y;
    printf("please enter price:");
    scanf("%d", &price);
    x=price/1000;
    switch(x)
    {
        case 0:   y=0; break; /* price<1000 */
        case 1:
        case 2:
        case 3:
        case 4:   y=0.02; break; /* 1000≤price<5000 */
        case 5:
        case 6:
        case 7:
        case 8:
        case 9: y=0.03;      /* 1000≤price<5000 */
                    break;
        default: y=0.05;     /* 10000≤price */
    }
    printf("revenue=%f", price*y);
}
```

程序的运行结果如下：

```
please enter price: 4568 ↙
revenue=91.359998
```

【例 3-35】 编程打印楼梯，同时在楼梯上方打印两个笑脸。用音符代表台阶，如图 3-24 所示。

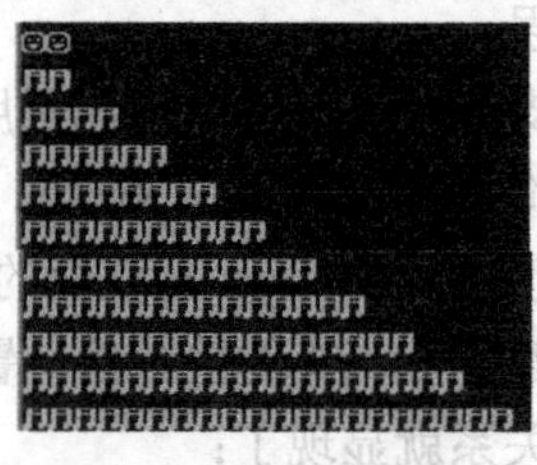

图 3-24　带笑脸的楼梯

笑脸和音符可用字符来表示，通过查询 ASCII 码表得知，笑脸的 ASCII 值是 1，音符的

ASCII 值是 14。

程序如下：

```
#include <stdio.h>
void main( )
{
    int i,j;
    printf("%c%c\n",1,1);              /*输出两个笑脸*/
    for(i=1;i<11;i++)
    {
        for(j=1;j<=i;j++)
        for(j=1;j<=i;j++)
        printf("%c%c",14,14);           /*连续输出两个音符*/
        printf("\n");
    }
}
```

【例 3-36】 输入一行字符，分别统计出其中英文字母、空格、数字和其他字符的个数。

分析：对于输入的单个字符，要学会判断其是英文字母（'A'～'Z'或者'a'～'z'），是阿拉伯数字字符（'0'～'9'）还是其他字符。

程序如下：

```
#include <stdio.h>
void main( )
{
   char c;
   int letters=0,space=0,digit=0,others=0;
   printf("please input some characters:\n");
   while((c=getchar())!='\n')
      {
          if(c>='a'&&c<='z'||c>='A'&&c<='Z') letters++;
          else if(c==' ') space++;
          else if(c>='0'&&c<='9') digit++;
          else others++;
      }
    printf("all in all:char=%d space=%d, digit=%d, others=%d\n",
    letters,space,digit,others);
}
```

【例 3-37】 任何一个整数的立方都可以写成一串相邻奇数之和。这就是著名的尼科梅彻斯（Nicomachus）定理。

例如：

$1^3=1$

$2^3=3+5$

3^3=7+9+11

4^3=13+15+17+19

请编程，从键盘输入一个整数 n，求 n^3 是哪些奇数之和。

分析：

从上面各式可以看出以下规律：

（1）n^3 是 n 个奇数之和。譬如 2^3 是 2 个奇数之和，3^3 是 3 个奇数之和。

（2）是哪几个奇数呢？首先知道它们是 n 个相邻的奇数，如 2^3=3+5，3^3=7+9+11…

（3）如果知道各式的第一个奇数则也就知道所有的奇数。从给出的各式可以看出，组成 1^3 的 1 个奇数的奇数序列中第 1 个奇数是 1，组成 2^3 的 2 个奇数的奇数序列中第 1 个奇数是 3，组成 3^3 的 3 个奇数的奇数序列中第 1 个奇数是 7，组成 4^3 的 4 个奇数的奇数序列中第 1 个奇数是 13，由此可以推出组成 x^3 的 x 个奇数的奇数序列中第一个奇数为

x*(x-1)+1

在程序中用变量 t 表示奇数序列中的奇数。

程序如下：

```
#include <stdio.h>
void main( )
{
    int i,x,t;
    scanf("%d",&x);
    printf("\n");
    t=x*(x-1)+1;
    for(i=1;i<=x-1;i++)
    {   printf("%d+",t);
        t=t+2;
    }
    printf("%d=%d\n",t,x*x*x);
}
```

本章小结

本章的主要内容是在介绍常用的运算符的基础上，结合选择结构语句和循环结构语句来解决生活中的实际问题。在选择结构语句的学习中，要熟练掌握 if 语句和 switch 语句的使用，注意正确使用 if 语句的 3 种形式以及嵌套的 if 语句。在使用 switch 语句时，一定要注意，在没有使用 break 语句的情况下，case 语句的各个语句是逐句执行的，而不是执行一条语句就跳出 switch 语句。对于循环语句，常用的有 while、do-while、for 三种语句，这 3 种语句一般情况下可以互相代替。要重点掌握这 3 种循环语句的一般形式，了解它们开始和终止的条件，尤其要注意 while 语句和 do-while 语句的异同。注意多重循环时循环的嵌套，内外循环必须层次分明。另外，还要注意 break 语句和 continue 语句的区别。

练习题

一、选择题

1. while(!y)中!y 等价于（　　）。

A. y==0　　B. y!=0　　C. y!=1　　D. y==1

2. 以下程序的输出结果是（　　）。

```
#include<stdio.h>
void main()
{
int n=0;
while(n++<=1)
      printf("%d\t",n);
printf("%d\n",n);
}
```

A. 1 2 3　　B. 0 1 2　　C. 1 1 2　　D. 1 2 2

3. 以下程序的输出结果是（　　）。

```
#include<stdio.h>
void main()
{
int m=5,n=3,k=1;
do
  {
  if(k%m==0)
  if(k%n==0)
      {
      printf("%d\n",k);
      break;
      }
  k++;
  }
while(k!=0);
}
```

A. 5　　B. 3　　C. 30　　D. 15

4. 以下程序的输出结果是（　　）。

```
#include<stdio.h>
void main()
{
int i,j=4;
```

```
    for(i=j;i<2*j;i++)
      swith(i/j)
      {
        case 0:
        case 1:printf("*";break);
        case 2:printf("#");
      }
    }
```

A. ####*　　B. ****　　C. #*#*#*#　　D. ***#

5. 以下程序的输出结果是（　）。

```
#include<stdio.h>
void main()
{
int n=10;
while(n>7)
{
  n - -;
  printf("%d,",n);
}
}
```

A. 9,8,7　　B. 10,9,8　　C. 10,9,7　　D. 9,8,7,6

二、编程题

1. 编写程序，输入一个整数，打印出它是奇数还是偶数。

2. 编程显示 100 ~ 200 之间能被 7 除余 2 的所有整数。

3. 每个苹果 0.8 元，第一天买 2 个苹果，从第二天开始，每天买苹果的数量是前一天的 2 倍，直至购买的苹果个数不超过 100 的最大值的那天为止。编写程序求每天平均花多少钱。

4. 求满足 $1^2+2^2+3^2+...+n^2<10\,000$ 的 n 的最大值。

5. 将一个正整数分解质因数。例如，输入 120，打印输出“120=2*2*2*3*5”。

6. 编写程序，利用公式 $e=1+\frac{1}{1!}+\frac{1}{2!}+...+\frac{1}{n!}$，求出 e 的近似值，其中 n 由用户输入。

第四章 数组

学习目标

（1）掌握一维、二维数组的定义和引用方法、存储结构和初始化方法；

（2）掌握有关一维数组的有关算法；

（3）掌握数组的运算。

前面的章节介绍了 C 语言中的基本数据类型，即整型、实型和字符型数据，使用的变量都是单一定义的，每个变量都有一个名字，每个变量存储一个基本数据类型。但是仅有这些基本类型，有时很难满足编程的需要。例如，要输入全年级 500 名学生的成绩，然后排出名次，显然对每个学生的成绩定义一个变量是不现实的。

在 C 语言中，当遇到处理类型相同的批量数据的问题时，通常用数组来解决。由若干个类型相同的相关数据按顺序存储在一起形成的一组同类型有序数据的集合，称为数组。如果用一个统一的名称标识这组数据，那么这个名字就称为数组名，构成数组的每个数据项称为数组元素，数组元素不仅具有相同的数据类型，而且在内存中占用一段连续的存储单元。每个数组元素可通过数组名及其在数组中的位置（即下标）来确定，即数组元素是用数组名后跟方括号“[]”括起来的下标来表示的，例如，a[5]、name[50]、list[5][15]等。

数组按照下标个数分类，有一维数组、二维数组……以此类推，二维数组以上的数组称为多维数组。根据数组元素类型的不同，数组可分为数值数组、字符数组、指针数组、结构体类型数组等多种类型。数组同其他类型的变量一样，也遵循“先定义，后使用”的原则。

第一节　一维数组

在 C 语言中，一维数组可以看成同一类型的变量的一个线性排列，它具有数组最基本的特性。一维数组的成员不再是数组，每个数组成员只需一个下标编号就可以指定。数组成员一般是基本类型，也可以是结构、指针等构造类型。

一、一维数组变量的定义

元素类型　数组变量名[常量表达式]={初值表};

说明：

（1）元素类型是数组的数据成员的类型。

（2）常量表达式的值定义了数组的大小，必须为正整型，当提供了初值表时可以省略，这时以初值表中元素的个数作为数组的大小。

（3）数组变量名需要符合标识符的要求，不能与已有的变量名或保留字相同。

（4）初值表用于提供每个数组成员的初值，若不想提供初值可以省略，无初始化的数组成员值是不确定的随机数。

例如："int a[10]={1};"，定义 10 个 int 元素的数组 a，第一元素的初值为 1，其他元素值为 0。

二、一维数组的初始化

（1）在定义数组时对数组元素赋初值，例如"int a［10］={0，1，2，3，4，5，6，7，8，9}；"，将数组元素的初值依次放在一对花括号内。经过上面的定义和初始化之后，a［0］=0，a［1］=1，a［2］=2，a［3］=3，a［4］=4，a［5］=5，a［6］=6，a［7］=7，a［8］=8，a［9］=9。

（2）可以只给一部分元素赋值，例如"int a［10］={0，1，2，3，4};"，定义 a 数组有 10 个元素，但花括号内只提供 5 个初值，这表示只给前面 5 个元素赋初值，后 5 个元素值为 0。

（3）如果想使一个数组中的全部元素值为 0，可以写成"int　a［10］={0，0，0，0，0，0，0，0，　0，0};"或"inta［10］={0};"，不能写成"int a［10］={0*10};"，这是与 FORTRAN 语言不同的，不能给数组整体赋初值。

（4）在对全部数组元素赋初值时，由于数据的个数已经确定，因此可以不指定数组长度，例如"int a［5］={1，2，3，4，5};"，也可以写成"int a［］={1，2，3，4，5};"。

在第二种写法中，花括号中有 5 个数，系统就会据此自动定义 a 数组的长度为 5。但若数组长度与提供初值的个数不相同，则数组长度不能省略。例如，想定义数组长度为 10，就不能省略数组长度的定义，而必须写成"int a［10］={1，2，3，4，5};"，只初始化前 5 个元素，后 5 个元素值为 0。

（5）初始值列表至少有 1 个元素，不能为空。例如："int a[10]={ };"是错误的。

三、一维数组元素的引用

数组只能以元素方式来使用，而不能直接作为一个整体来使用。

数组名［下标］（下标可以是整型常量或整型表达式）

例如：a［0］=a［5］+a［7］-a［2*3］//正确

```
int a[10],b[10];
```

```
a=100;    //错误：不能如此对数组 a 进行整体赋值
if(a==b)   printf("Equal!")    //错误：不能如此对数组 a 和 b 进行整体比较
```

注意：

如果要对数组变量进行整体操作，可通过函数与循环等机制，将数组变量的操作分解成对全体数组元素的操作。

数组元素的下标可以是常量形式，也可以是数值、表达式形式，若下标中包含小数，则会先取整。例如：

```
a[7/2]=12;  //实际是对 a[3]进行赋值
```

数组的下标表达式中允许嵌套使用数组元素。

例如：

```
int a[2];   a[0]=1；a[1]=0;
a[a[0]]=1；       // a[1]=1 a[0]不变
a[a[1]]=0;        // a[1]=0 a[0]不变
```

定义数组时用到的“数组名［常量表达式］”和引用数组元素时用到的“数组名［下标］”是有区别的。

```
例如： int a[10];      //  定义数组长度为 10
       t=a[6];          //引用 a 数组中序号为 6 的元素，此时 6 不代表数组长度
```

四、一维数组程序举例

【例 4-1】 建立名为 a 的一个一维数组，数组元素 a[0]～a[9]的值为 0～9，然后逆序输出。

程序如下：

```
#include <stdio.h>
void main()
{
int a[10],j;
for(j=0;j<10;j++)
a[j]=j;
for(j=9;j>=0;j--)
printf("%2d",a[j]);
printf("\n");
}
```

程序的运行结果如下：

```
9  8  7  6  5  4  3  2  1  0
```

【例 4-2】 用数组来处理，求解斐波那契数列。

斐波那契数列公式：已知: $a_1=a_2=1$，$a_n=a_{n-1}+a_{n-2}$，即 1,1,2,3,5,8,13…

程序如下：

```
#include <stdio.h>
void main()
```

```
{
int i;
int f[20]={1,1};
for(i=2;i<20;i++)
f[i]=f[i-2]+f[i-1];
for(i=0;i<20;i++)
  {
      if(i%5==0) printf("\n");
      printf("%12d",f[i]);
  }
printf("\n");
}
```

程序的运行结果如下：

```
     1      1      2      3      5
     8     13     21     34     55
    89    144    233    377    610
   987   1597   2584   4181   6765
```

【例 4-3】 编写一个程序，输入 N 个学生的学号和成绩，求平均成绩，并输出其中最高分和最低分学生的学号和成绩。

程序如下：

```
#include <stdio.h>
#define N 5
void main()
{
float score[N],ave,sum=0.0;
int num[N],i,max,min;
max=0,min=0;
printf("input num and score of student:\n");
for(i=0;i<N;i++)
{
scanf("%d   %f",&num[i],&score[i]);
sum+=score[i];
}
ave=sum/N;
for(i=0;i<N;i++)
{
if(score[i]>score[max])
max=i;
if(score[i]<score[min])
min=i;
```

```
    }
    printf("average:%6.2f\n",ave);
    printf("the maximum score :%d %6.2f\n",num[max],score[max]);
    printf("the minimum score :%d %6.2f\n",num[min],score[min]);
}
```

程序的运行结果如下：

```
input num and score of student:
1  75↙
2  88↙
3  55↙
4  96↙
5  67↙
average: 76.20
the maximum score : 4   96.00
the minimum score : 3   55.00
```

【例 4-4】 输入 10 个 0～100 的随机整数到定义的数组中。

程序如下：

```
#include <stdlib.h>
#include <stdio.h>
#include <time.h>
void main()
{
   int i,a[10]={0};
   srand((unsigned)time(NULL));
            /*初始化随机数序列*/
   for(i=0;i<10;i++) a[i]=rand()%100;
            /*产生 100 以内的随机整数*/
   for(i=0;i<10;i++) printf("%d\n",a[i]);
}
```

修改【例 4-4】编程查找 10 个数中最小值。

```
   #include <stdlib.h>
   #include <stdio.h>
   #include <time.h>
   void main()
   {
        int i,a[10]={0};
        int m;
   srand((unsigned)time(NULL));
        for(i=0;i<10;i++)      a[i]=rand()%100;
        for(i=0;i<10;i++) printf("%d ",a[i]);
```

```
    printf("\n");
    m=a[0];
        for(i=1;i<=9;i++)
            if(m>a[i])    m=a[i];
        printf("The max is %d ",m);
    }
```

【例 4-5】 有一个已经排好序的数组。现输入一个数，要求按原来的规律将它插入数组中。

分析方法:a 数组已经按照从小到大的顺序排列好，加入数保持有序的方法是先将所有大于该数的元素后移一格，再将该数放到这些数的前面。

程序如下：

```
#include <stdio.h>
void main()
{
    int a[11]={1,4,6,9,13,16,19,28,40,100};
    int i,number;
    printf("original array is:\n");
    for(i=0;i<10;i++)    printf("%5d",a[i]);
    printf("\n");
    printf("insert a new number:");
    scanf("%d",&number);
    for(i=9;i>=0;i--)
      if(a[i]>number) a[i+1]=a[i];
      else break;
    a[i+1]=number;
    for(i=0;i<11;i++)    printf("%5d",a[i]);
    printf("\n");
}
```

【例 4-6】 用筛选法求 100 之内的素数。

素数：只能被 1 与自身整除的大于 1 的正整数。

筛选法：一个数 m 如果不能被 2～m-1 中所有素数整除则是素数，否则将其筛除，即从素数 2 开始筛除数组中的所有整除数，再取下一个素数直到 n，结束时数组中全是素数。

程序如下：

```
#include <stdio.h>
#include <math.h>
#define N 100
void main()
{
 int i,j,num,a[N+1];
 for(i=2;i<=N;i++) a[i]=i;
```

```
for(i=2;i<=sqrt(N);i++)
    if(a[i]!=0)
      for(j=i+1;j<=N;j++)
        if(a[j]!=0)
          if(a[j]%a[i]==0)   a[j]=0;
 printf("\n");
 for(i=2,num=0;i<=N;i++) {
if(a[i]!=0)   {printf("%5d",a[i]);   num++;}
    if(num==10)   {printf("\n");   num=0;}
  }
}
```

第二节　二维数组

除了一维数组外，C 语言还允许使用二维、三维等多维数组，数组的维数没有限制。除了二维数组，由于其他数组要占用大量的存储空间，因而三维以上的数组一般很少用，所以本节重点介绍二维数组。

一、二维数组的定义

二维数组是指有双下标的数组。二维数组也可看作一维数组为元素构成的一维数组。类似的，N 维数组可看作 N-1 维数组为元素构成的一维数组。通常，二维数组可看成数学中的矩阵，因此，习惯上将第一维下标称为行标，将第二维下标称为列标。

二维数组定义的一般形式为：

类型说明符 数组名［常量表达式 1］［常量表达式 2］={初始值列表}；

说明：

（1）元素类型是构成数组的数据成员的类型。

（2）常量表达式 1 和常量表达式 2 分别代表二维下标的大小，二维下标均从 0 开始计数，步长为 1。

二、二维数组变量的初始化

（1）按维给二维数组赋初值，例如：

```
int A[3][4]={{1,2,3,4},{5,6,7,8},{9,10,11,12}};
 int A[3][4]={{1,2},{3},{4}};
```

（2）可以将所有数据写在一个花括号内，按存放顺序依次对各元素赋初值，例如：

```
int A[3][4]={1,2,3,4,5,6,7,8,9,10,11,12};
```

（3）如果能提供所有数组元素的初始值，则定义数组时只需要提供第二维的大小，第一维可以省略，例如：

```
int A[][4]={{1,2,3,4},{5,6,7,8},{9,10,11,12}};
```

三、二维数组元素的引用

二维数组只能以元素方式来使用，而不能直接作为一个整体来使用。

二维数组元素引用的一般形式如下：

```
数组名［下标1］［下标2］
```

其中，下标可以是整型常量或整型表达式。

例如，合法的引用如下：

```
scanf("%d",&a[1][2]);
a[0][0]=3*a[1][2]-3;
Printf("%d\n",a[0][0]);
```

需要注意的是，在引用二维数组时其下标不可越界，即不可超过维数的行列宽度。

【例 4-7】 编程将矩阵 A 转置后存放到矩阵 B 中，即 B[j][i]=A[j][i]。

```
#include<stdio.h>
void main()
{   int A[3][4],B[4][3],i,j;
    for(i=0;i<3;i++)
        for(j=0;j<4;j++) scanf("%d",&A[i][j]);
    for(i=0;i<3;i++)
         for(j=0;j<4;j++) B[j][i]=A[i][j]; //转置操作
    for(i=0;i<4;i++)
    { for(j=0;j<3;j++)
            printf("%5d",B[i][j]);
   printf("\n");
    }
}
```

第三节 字符数组

从前面的知识点可以看到，由于 C 语言中没有字符串类型，所以通常用字符类型的数组来代替字符串类型。

一、字符数组的定义

字符数组就是存放字符数据的数组，其中每个元素存放的值都是单个字符。

字符数组定义的一般形式为：

char 数组名[常量表达式]

例如：“char c[6];”表示定义了一个一维字符数组，数组名为 c，可以存放 6 个字符。

二、字符数组的初始化

可以用下面的方法对字符数组进行初始化：

（1）逐个为数组中的元素赋初值。如果提供的初值个数与数组的长度相同，在定义数组时可以省略数组的长度，系统根据初值的个数自动确定数组的长度。例如，下列两种写法等价：

```
char c[5]={'c', 'h', 'i', 'n', 'a'};
char c[]={'c', 'h', 'i', 'n', 'a'};
```

（2）如果花括号内的字符个数大于数组的长度，则按语法错误处理。如果字符的个数小于数组的长度，则只将这些字符赋值给前面的元素，其余的元素自动赋值为空字符（即'\0'）。

（3）二维字符数组初始化的基本方法和二维数值数组初始化类似。

三、字符数组与字符串

字符串常量使用双引号界定，字符串常量的存储是采用连续的字符后跟一个结束标志零（即字符'\0'）的方法，这样，提供一个字符串只需提供该串的串首指针（地址）即可。

示例："C Language"在内存中的保存情况如下：

'C'	'\x20'	'L'	'a'	'n'	'g'	'u'	'a'	'g'	'e'	'\0'
	空格									结束标识

为了测定字符串的实际长度，C 语言规定了一个"字符串结束标志"，以字符'\0'作为标志。如果有一个字符串，前面 9 个字符都不是空字符(即'\0')，而第 10 个字符是'\0'，则此字符串的有效字符为 9 个。系统对字符串常量也自动加一个'\0'作为结束符。

可以用字符串常量来初始化字符数组，例如：

```
char c［］={″I  am  happy″};
```

也可以省略花括号，直接写成"char c［］="I am happy";"，它与下面的数组初始化等价：

```
char c［］ ={'I', ' ', 'a', 'm', ' ', 'h', 'a', 'p', 'p', 'y', '\0'}
```

需要说明的是：字符数组并不要求它的最后一个字符为'\0'，甚至可以不包含'\0'。

例如："char c［5］={'C', 'h', 'i', 'n', 'a'};"，这样写完全是合法的。但是由于系统对字符串常量自动加一个'\0'。因此，人们为了使处理方法一致，在字符数组中也常人为地加上一个'\0'。如：char c［6］={'C', 'h', 'i', 'n', 'a', '\0'};"，这样做是为了便于引用字符数组中的字符串。

四、字符数组的输入/输出

字符数组的输入/输出有两种方法：

（1）逐个字符输入/输出。用格式符"%c"输入或输出一个字符。

（2）将整个字符串一次输入/输出。用"%s"格式符，意思是对字符串输入/输出。

【例 4-8】 利用字符数组格式的串变量将字符串倒序。

字符串倒序是将串中字符左右颠倒，如将 abc 变成 cba。

程序如下：

```
#include <stdio.h>
void main()
{
  char ch;
  char str[]="The quick brown fox jumps over the lazy dog.";
  int i,n;
  n=sizeof(str)-1;        /*字符个数*/
  for(i=0;i<n/2;i++)
  { ch=str[i]; str[i]=str[n-i-1]; str[n-i-1]=ch; }
  printf("%s\n",str);
}
```

五、常用的字符串处理函数

为了简化程序设计，C 语言提供了一些用来处理字符串的函数，需要时可以直接从库函数中调用这些函数，从而大大减轻了编程的负担。下面介绍 8 种常用的字符串处理函数。

1. 字符串输出函数 puts()

其一般形式为：

```
puts (字符数组名)
```

其作用是将一个字符串(以'\0'结束的字符序列)输出到终端。假如已定义 str 是一个字符数组名，且该数组已被初始化为"China"，则执行“puts(str);”的结果是在终端上输出“China”。

由于可以用 printf()函数输出字符串，因此 puts()函数用得不多。

用 puts()函数输出的字符串中可以包含转义字符。例如：

```
char str [] ={″China\nBeijing″};
puts(str);
输出结果：
China
Beijing
```

2. 字符串输入函数 gets()

其一般形式为：

```
gets(字符数组名)
```

其作用是从终端输入一个字符串到字符数组，并且得到一个函数值。该函数值是字符数组的起始地址。如执行下面的函数：

```
gets(str)
```

从键盘输入：

```
Computer↙
```

将输入的字符串"Computer"送给字符数组 str（请注意送给数组的共有 9 个字符，而不是 8 个字符)，函数值为字符数组 str 的起始地址。一般利用 gets()函数的目的是向字符数组输入一个字符串，而不大关心其函数值。

注意：用 puts()和 gets()函数只能输入或输出一个字符串，不能写成 puts(str1，str2)或 gets(str1，str2)。

3. 字符串连接函数 strcat()

其一般形式为：

```
strcat(字符数组 1,字符数组 2 或字符串常量)
```

其作用是将字符数组 2 或字符串常量连接到字符数组 1 的后面，函数的返回值是字符数组 1 的首地址。

4. 字符串复制函数 strcpy()

其一般形式为：

```
strcpy(字符数组 1,字符数组 2 或字符串常量)
```

其作用是将字符数组 2 或字符串常量复制到字符数组 1 的后面，连同结束标志'\0'也一起复制，字符数组 1 中原来的内容被覆盖，函数的返回值是字符数组 1 的首地址。

5. 字符串比较函数 strcmp()

其一般形式为：

```
strcmp(字符串 1,字符串 2)
```

其作用是比较两个字符串的大小。

6. 字符串长度测试函数 strlen()

其一般形式为：

```
strlen(字符数组或字符串常量)
```

其作用是测试字符数组或字符串常量的实际长度（不含结束标志'\0')，并返回字符数组或字符串常量的长度。

7. 字符串字母转换为小写函数 strlwr()

其一般形式为：

```
strlwr(字符串)
```

其作用是将字符串中的大写字母转换成小写字母。

8. 字符串字母转换大写函数 strupr()

其一般形式为：

```
strupr(字符串)
```

其作用是将字符串中的小写字母转换成大写字母。

第四节 程序举例

【例 4-9】 从键盘输入 5 个学生的姓名，要求找出姓名中字符最长的一个。

分析：对输入的 5 个学生的姓名，通过 for 循环利用 strlen()函数逐次对 5 个学生的姓名进行比较，取出字符数最多者。

程序如下：

```
#include<stdio.h>
#include<string.h>
```

```
void main()
{
static char name[5][40];
char max[40]="Max name: ";
Unsigned int i,maxlen=0,count=0;
printf("input name:\n");
for(i=0;i<5;i++)
{
gets(name[i]);
if(maxlen<strlen(name[i]))
{
maxlen=strlen(name[i]);
count=i;
}
}
strcat(max,name[count]);
puts(max);
}
```

程序的运行结果如下：

```
Zhang↙
Li↙
Wang↙
Chen↙
Wei↙
Max name:Zhang
```

【例 4-10】　删除字符串中指定的一个字符。

分析：把字符串存放在一个一维字符数组 s[]中，而把指定的一个字符赋值给字符变量 c，按照题意，假设 s[]="123*4**56789",c='*',那么执行结果为 s[]="123456789"。

程序如下：

```
#include<stdio.h>
void main()
{
char s[]="123*4**56789";
char c='*';
int j=0,k=0;
while(s[j]!='\0')
{
    if (s[j]!=c)
    {
        s[k]=s[j];
        k++;
```

```
        }
        j++;
    }
    s[k]='\0';
    printf("%s\n",s);
}
```

程序的运行结果如下：

```
123456789
```

本章小结

本章主要介绍了数组的基本概念，包括数组的定义、数组的存储、数组的初始化方法、数组元素的引用、数组元素的输入/输出方法。使用一维数组和多维数组时应注意：数组名是一个标识符，要符合标识符的命名规则。

注意，C 语言数组的下标是从 0 开始的，所以实际引用数组元素时下标要减 1。另外，对于字符型的数组元素，最后一个字符是字符串结束标志'\0',所以在定义数组时要预先留出结束标志的位置。另外数组名本身可以表示数组的起始地址。

注意，字符串比较不能直接使用关系运算符，而是使用 strcmp()函数。不能用赋值语句将一个字符数组直接赋给另一个数组，而应该使用 strcpy()函数将字符串赋给另一个字符数组。

练习题

一、选择题

1．若有定义“int a[10];”，则对 a 数组元素的正确应用是（　　）。

A．a[10]　　B．a(10)　　C．a[10-10]　　D．a[10.0]

2．以下能对一维数组 a 进行正确初始化的语句是（　　）。

A．int a[10]=(0,0,0,0,0)　　B．int a[10]={}

C．int a[]={0}　　D．int a[10]=(10*1)

3．若有说明“int a[][3]={1,2,3,4,5,6,7};”，则数组 a 第一维的大小是（　　）。

A．2　　B．3　　C．4　　D．5

4．设有“char str1[10],str2[10],c1;”，则下列语句中正确的是（　　）。

A．str1={"china"};str2=str1　　B．c1="ab"

C．str1={"china"};str2={"people"};strcpy(str1,str2)　　D．c1='a'

5．下列程序段的输出结果是（　　）。

```
static char str[10]={"china"};
printf("%d",strlen(str));
```

A．10　　B．6　　C．5　　D．0

二、编程题

1．定义含有 10 个元素的数组，并将数组中的元素按逆序重新存放后输出。
2．在一维数组中找出值最小的元素，并将其值与第一个元素的值对调。
3．假设 10 个整数用一个一位数组存放，编写一个程序，求其最大值和最小值。
4．有一个 n×n 的矩阵，求两个对角线元素的和。

第五章 函数

学习目标

（1）了解函数的概念；

（2）理解变量的作用域；

（3）掌握函数的调用、递归和嵌套。

第一节　函数的定义

通常人们在求解一个复杂问题时，一般都采用逐步分解、分而治之的方法，即把一个大而复杂的问题分解成若干个比较容易求解的小问题，然后分别求解。只要解决了每个子问题，整个问题也就迎刃而解了。若某些子问题仍较复杂，可以继续对它们进行分解，将它们分解成更小的问题。

若把每子问题看成一个模块，这种分析问题的方法就称为“模块化”的方法。模块化就是把系统划分成若干个模块，每个模块完成一个子功能，把这些模块集中起来组成一个整体，从而完成指定的功能，满足问题的需求。

例如，图书管理系统模块划分如图 5-1 所示。

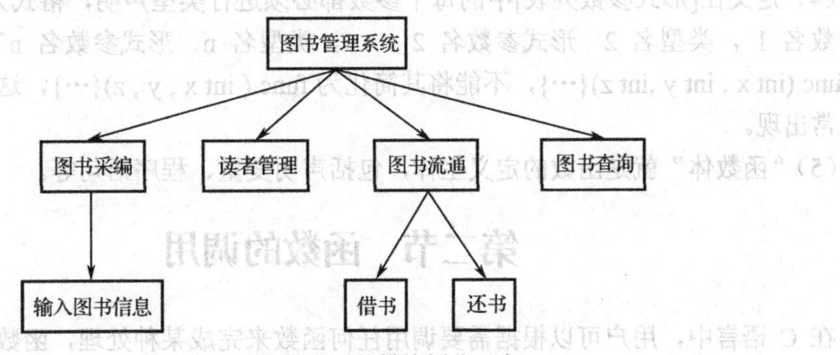

图 5-1　图书管理系统模块划分示意

在 C 语言中，函数是程序的基本组成单位，因此可以很方便地用函数作为程序模块来实现 C 语言程序。从用户使用的角度看，可将函数分为两种：标准函数（即系统库函数）和用户自定义函数。前面常用到的 printf()、scanf()等就是系统库函数。这类函数无须定义，是系统自带的，只需要在程序中直接调用即可。用户根据自身的需要定义新的函数，这样的函数称为“用户自定义函数”。

用户自定义函数的格式如下：

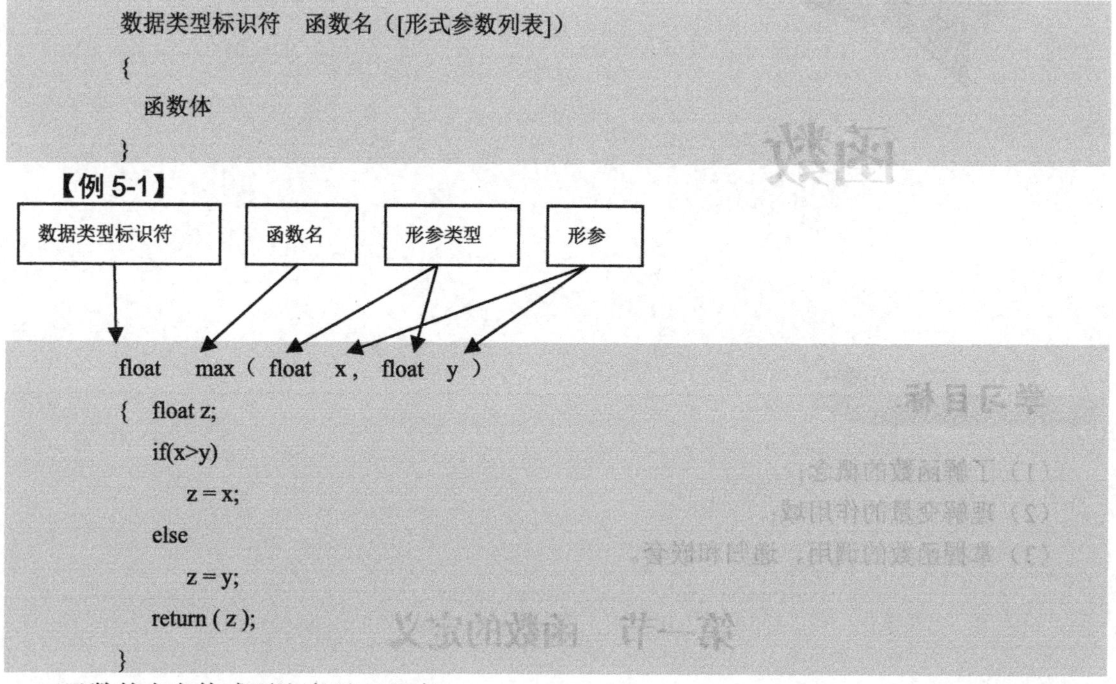


```
数据类型标识符　函数名（[形式参数列表]）
{
   函数体
}
```

【例 5-1】

```
float  max（ float  x， float  y ）
{  float z;
   if(x>y)
       z = x;
   else
       z = y;
   return ( z );
}
```

函数的定义格式要注意以下几点：

（1）“数据类型标识符”用来说明函数返回值的类型。当函数的返回值类型为整型（int）时，可以不加“数据类型标识符”，这时返回类型将默认为整型。

（2）“函数名”是函数的存在标识，函数名的命名规则要符合 C 语言中标识符的命名规则，且不要同系统关键字同名。

（3）“[形式参数列表]”用于指明调用函数时，调用者应传递给函数的数据类型和数据个数。传递给函数的参数可以有多个或零个。若有多个参数，要用逗号“，”隔开；若没有参数，则[形式参数列表]为空，但要保留函数名后的一对括号“()”。

（4）定义在[形式参数列表]中的每个参数都必须进行类型声明，格式为：“类型名 1　形式参数名 1 ，类型名 2　形式参数名 2 ，…，类型名 n　形式参数名 n”。例如某函数定义为 func (int x , int y ,int z){…}，不能将其简化为 func (int x , y , z){…}，这种错误在初学编程时经常出现。

（5）“函数体”就是函数的定义主体，包括声明变量、程序语句等。

第二节　函数的调用

在 C 语言中，用户可以根据需要调用任何函数来完成某种处理，函数定义好后，只有被调用才能实现其功能，一个不被调用的函数是没有任何作用的。

函数调用的一般形式为：

```
函数名（实参表）
```

实参可以是常量、变量、表达式及函数，各实参之间用逗号隔开。如果函数没有参数，则实参表为空。

函数调用方式分为以下 3 种。

1. *函数语句*

函数调用作为一个语句出现，这种方式不需要函数有返回值，只要它能完成某项功能即可。常见的 printf()和 scanf()函数的调用通常都是作为语句出现的。例如：

```
printf("I love China.\n");
scanf("%d",&a);
```

2. *函数表达式*

当调用的函数有返回值时，会以表达式的方式调用函数。例如：

```
c = 3*min(a , b);
```

函数 min()是表达式的一部分，它的返回值乘以 3 再赋给 c。

3. *函数参数*

这是指函数的调用出现在参数的位置。

【例 5-2】 函数参数调用方式。

```
# include <stdio.h>
int   min( int x , int y )
{
  int   z;
  z=x<y?x:y;
  return(z );
}
void main( )
{
  int   a , b , c, d;
  scanf("%d , %d ,%d " , &a , &b , &c);
  d=min (a , min (b , c));   /*求 3 个数中的最小数*/
  printf("The minimal is %d. \n" ,d );
}
```

程序中语句“d = min (a , min (b , c));”的执行方式为：先调用 min(b ,c)，将它的返回值连同 a 一起作为实参再调用 min()，此时的返回值就是 3 个数中的最小数。

对被调函数原型的声明：

（1）被调函数必须是已经存在的函数，即库函数或用户自定义函数。

（2）如果调用库函数，必须在程序文件的开头用“#include”命令将与被调用函数有关的库函数所在的头文件包含到文件中来。

（3）如果调用用户自定义函数，并且该函数与调用它的函数（即主调函数）在同一个程序文件中，一般应该在主调函数中对被调函数进行声明。但是如果被调函数的定义出现在主调函数之前，则主调函数中可以不加原型声明，因为编译时是从上往下扫描的。

【例 5-3】 对被调函数进行原型说明

```
#include <stdio.h>
float sum(float x , float y);                          /*函数原型声明*/
void main()
{
  float a , b , c ;
  scanf("%f , %f" , &a , &b ) ;
  c=sum (a , b) ;
  printf("Sum is %f   \n" , c ) ;
}
float sum(float x , float y )                          /*函数首部*/
{
  float z;                                             /*函数体*/
  z=x+y;
  return(z);
}
```

第三节 函数的嵌套与递归

一、函数的嵌套

所谓“嵌套调用”，就是一个被调函数在它执行还未结束之前又去调用另一个函数，这种调用关系可以嵌套多层。函数的嵌套调用执行过程如图 5-2 所示。其执行过程是：执行 main()函数中调用 a 函数的语句时，即转去执行 a 函数，在 a 函数中调用 b 函数时，又转去执行 b 函数，b 函数执行完毕返回 a 函数的断点继续执行，a 函数执行完毕返回 main()函数的断点继续执行。

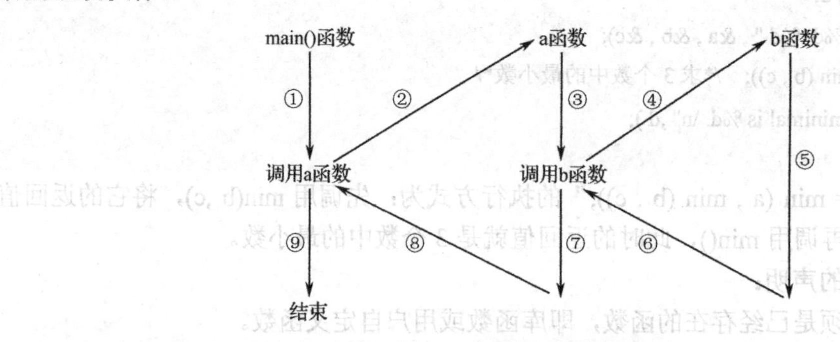

图 5-2 函数的嵌套调用示例

【例 5-4】 函数的嵌套调用举例。

```
#include <stdio.h>
void b( )
{
```

```
        printf ("BBB\n") ;
    }
    void a( )
    {
        printf ("     A\n") ;
        b( ) ;
    }
    void main( )
    {
        a( );
        printf("CCCCC\n") ;
    }
```

程序运行结果：

```
    A
     BBB
    CCCCC
```

二、函数的递归调用

递归是在连续执行某一处理过程时，该过程中的某一步要用到它自身的上一步（或上几步）的结果。在一个程序中，程序自己调用自己的现象构成递归。

递归又可分为直接递归和间接递归。如果函数 funA( )在执行过程中又调用函数 funA( )自己，则称函数 funA( )为直接递归。如果函数 funA( )在执行过程中先调用函数 funB( )，函数 funB( )在执行过程中又调用函数 funA( )，则称函数 funA( )为间接递归。

递归分为两个过程：

（1）递推过程：将一个原始问题分解为一个新的问题，而这个新问题的解决方法仍与原始问题的解决方法相同，逐步从未知向已知推进，最终达到递归结束条件，这时递推过程结束。

（2）回归过程：从递归结束条件出发，沿递推的逆过程，逐一求值回归，直至递推的起始处，结束回归过程，完成递归调用。为了防止递归进入死循环，必须在递归函数的函数体中包含递归终止条件。当条件满足时则结束递归调用，返回上一层，从而逐层返回，直到返回最上一层而结束整个递归调用。

【例 5-5】 用递归方法求斐波那契数列的第 n 项。

斐波那契数列的规律是：从第三个数开始，每个数等于前两个数之和，即斐波那契数列的第 n 项 fibona(n) = fibona(n - 1) + fibona(n - 2)，第 n-1 项 fibona(n - 1) = fibona(n - 2) + fibona(n-3)……最后 fibona(3) = fibona(2) + fibona(1)，当 n = 1、n = 2 时，就可以回推，计算出 fibona(n)。

```
    #include <stdio.h>
    long fibona( int n )
    {     long f ;
```

```
    if(n ==1|| n==2)                               /*当 n = 1 或 n = 2 时，递归结束*/
        f=1;
    else
        f=fibona(n-1)+fibona(n-2) ;                /*递归调用*/
  return( f ) ;
  }
  void main( )
  {   long int n ;
      printf("input n = ") ;
      scanf("%ld" , & n ) ;
   printf("fibona = %ld \n" , fibona(n)) ;
  }
```

程序的运行结果如下：

```
Input n = 20;
Fibona = 6765
```

第四节　变量的作用域

在 C 语言中，所有的变量都有自己的作用域。变量的作用域是指变量在 C 语言程序中的有效范围。变量定义的位置不同，其作用域也不同。C 语言中的变量按照作用域的不同可分为局部变量和全局变量，也称为内部变量和外部变量。

一、局部变量

局部变量主要指在函数体或复合语句内部定义的变量。其作用域只在定义它的函数内或复合语句内部有效。

【例 5-6】　说明局部变量的作用域范围。

```
# include <stdio.h>
char s1 (int a)                    /*函数 s1*/
{
  int   m , c ;   ┐
  …               ├  变量 a、m、c 的作用域
}                 ┘

float s2 (int   x , char   y)      /*函数 s2*/
{
  int   m , n ;   ┐
  …               ├  变量 x、y、m、n 的作用域
}                 ┘
```

```
void main( )                                /*主函数*/
{
  int   i , j ;
  ...                                       变量 i、j 的作用域
}
```

在【例 5-6】中有 3 个函数，从中可以看出：

（1）主函数 main()中定义的变量 i、j 只在主函数中有效，其他函数不能直接访问，同样主函数也不能访问函数 s1()、s2()中定义的变量。

（2）不同函数中可以定义名称相同的变量，它们代表不同的对象，互不影响。

（3）形参也是局部变量。例如，函数 s1()中定义的形参 a、s2()中定义的形参 x 和 y 等，都只能在各自定义的函数内部被访问，其他函数不能直接访问。

二、全局变量

如果变量定义在所有函数外部，则称该变量为全局变量。其作用范围从定义变量的位置开始到本程序文件结束，即全局变量可以被在其位置之后的其他函数共享。

【例 5-7】 说明全局变量的作用域范围。

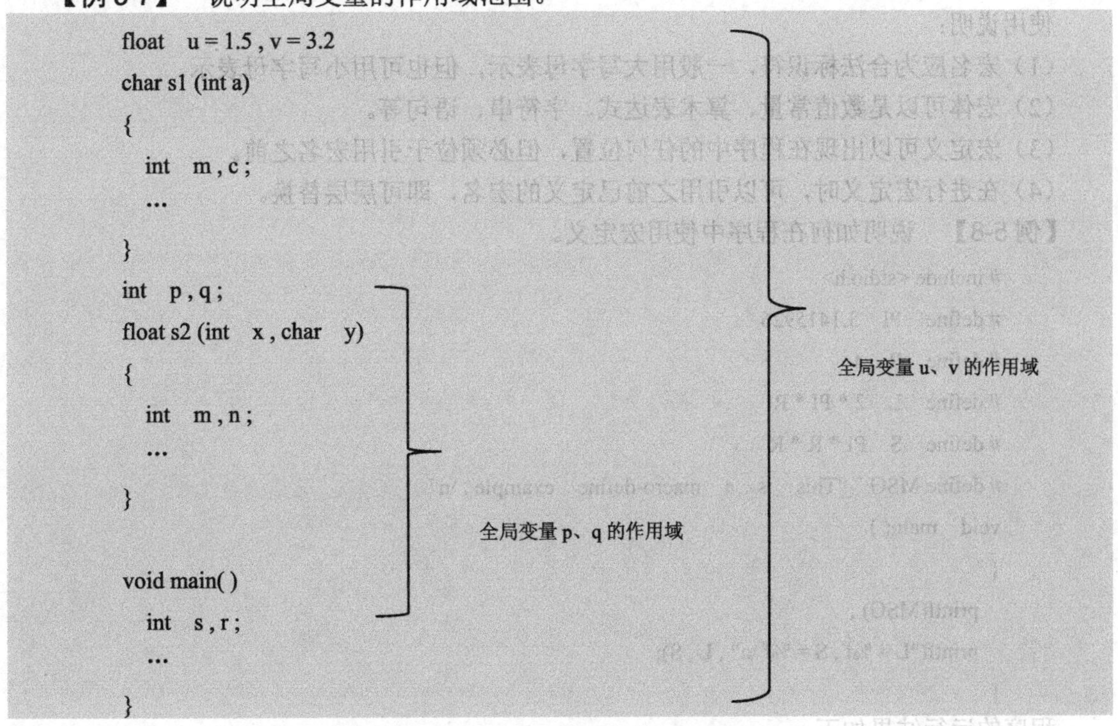

第五节　编译预处理命令

编译预处理是在对源程序进行正式编译之前的处理，即编译预处理负责在正式编译之前对源程序的一些特殊行进行预加工，通过编译系统的预处理程序执行源程序中的预处理。预处理命令以“#”开头，末尾不加分号，以区别 C 语言语句与 C 语言声明和定义。预处理命

令可以出现在程序的任何地方，但一般都放在源程序的首部，其作用域从说明的位置开始到所在源程序的末尾。

C 语言提供的预处理功能主要有 3 种——宏定义、文件包含和条件编译，分别用宏定义命令、文件包含命令和条件编译命令来实现。

在 C 语言程序中加入一些预处理命令，可以改善程序设计的环境，有助于编写、易读、易移植、易调试，也是模块化程序设计的一个工具。

一、宏定义

宏定义（# define）能有效地提高编程效率，增强程序的可读性、可修改性。C 语言的宏定义分为“不带参的宏定义”和“带参的宏定义”两种。

（一）不带参的宏定义

格式：

```
# define 宏名  宏体
```

作用：为宏名指定宏体。在对源程序进行预处理时，将程序中出现宏名的地方均由宏体替换，这一过程也称为“宏展开”。

使用说明：

（1）宏名应为合法标识符，一般用大写字母表示，但也可用小写字母表示。

（2）宏体可以是数值常量、算术表达式、字符串、语句等。

（3）宏定义可以出现在程序中的任何位置，但必须位于引用宏名之前。

（4）在进行宏定义时，可以引用之前已定义的宏名，即可层层替换。

【例 5-8】 说明如何在程序中使用宏定义。

```
# include <stdio.h>
# define  PI  3.1415926
# define  R  4
# define  L  2 * PI * R
# define  S  PI * R * R
# define MSG  "This  is  a  macro-define  example . \n"
void  main( )
{
   printf(MSG) ;
   printf("L = %f , S = %f \n" , L , S);
}
```

程序的运行结果如下：

```
This  is  a  macro-define  example .
L = 25.132741 , S = 50.265482
```

该例中既有宏定义，也有宏定义的多处替换。程序中的语句“printf(MSG) ;”实际上展开为“printf(This is a macro-define example . \n)”。语句“printf("L = %f , S = %f \n", L , S);”，实际上展开为“printf("L = %f , S = %f \n" ,2 * 3.1415926 * 4, 3.1415926 * 4 * 4);”。

（二）带参的宏定义

格式：

```
# define 宏名（形参表） 宏体
```

作用：在对源程序进行预处理时，将程序中凡是出现宏名的地方均用宏体替换，并用实参代替宏体中的形参。

使用说明：基本上与“不带参的宏定义”使用说明相同。但要注意的是，使用时要用实参代替形参。

【例 5-9】 说明带参数的宏的使用。

```
# include <stdio.h>
# define   PI   3.1415926f
# define   L(r)   2*PI*r
void   main( )
{
   float   circle , a;
   printf("a = ");
   scanf("%f" , & a);
   circle=L(a);
   printf("circle=%f \n" , circle );
}
```

程序的运行结果如下：

```
a = 2.5 ↙
circle = 15.707963
```

程序中的语句“circle=L(a);”实际上展开为“circle=2*3.1415926*2.5 ;”。

二、文件包含

所谓文件包含，也叫文件嵌入，是指在一个文件中将另一个文件的全部内容包含进来。即将另外的文件包含到本文件中。C 语言系统提供了文件包含命令以实现文件包含操作。其一般格式为：

```
# include   "文件名"
```

或

```
# include   <文件名>
```

功能：预处理时，把“文件名”指定的文件内容复制到本文件，再对合并后的文件进行编译。

使用说明：

（1）一个“# include”命令只能指定一个头文件，若要嵌入 n 个头文件，则要用 n 个“# include”命令。

（2）使用一对<>是通知预处理程序在设定的系统目录中查找指定头文件；使用“""”是通知预处理程序先在源程序所在目录中查找指定头文件，若找不到，再在 C 语言的系统目录中查找指定头文件。

（3）如果没有搜索到指定头文件，系统将给出错误提示并停止编译。

C 语言中已有的头文件，如“math.h”（常用数学函数头文件）、“string.h”（字符串函数头文件）、“time.h”（系统时间函数头文件）、“dir.h”（目录操作函数头文件）、“alloc.h”（动态地址分配函数头文件）、“graphics.h”（图形函数头文件）等。要用到某函数，就应当在程序头部嵌入该函数所在的头文件。

三、条件编译

C 语言的编译预处理程序还提供了条件编译功能，其可以对源程序的一部分内容进行编译，即不同的编译条件产生不同的目标代码。在一般情况下，源程序中的所有行都参加编译，但有时希望对其中一部分内容在满足条件时才进行编译，形成目标代码。这种对程序的一部分内容进行指定条件的编译称为条件编译。条件编译有 3 种形式。

（一）if 格式

```
# if 表达式
     语句部分 1
[# else
语句部分 2]
   #endif
```

作用：当表达式的值为非 0 时，编译语句部分 1，否则编译语句部分 2。其中#else 和语句部分 2 可有可无。

（二）ifdef 格式

```
# ifdef 标识符
          语句部分 1
     [#else
语句部分 2]
     # endif
```

作用：当标识符已被定义时（用# define 定义），编译语句部分 1，否则编译语句部分 2。同样，#else 和语句部分 2 可有可无。

（三）ifndef 格式

```
# ifndef 标识符
          语句部分 1
     [#else
语句部分 2]
     # endif
```

作用：当标识符没有被定义时，编译语句部分 1，否则编译语句部分 2。同样，#else 和语句部分 2 可有可无。

【例 5-10】 本例说明条件编译的作用

```
# include <stdio.h>
```

```
# define   YES   1
void main( )
{
   int   i=1000 ;
   # if   1
printf("\n i = %d" , i );
# endif

# ifdef   YES
   printf("\n Macro   YES   is   defined. ");
# endif

# ifndef   YES
     printf("\n Macro   YES   is   not   defined.");
# endif
}
```

程序运行结果：

```
i = 1000
Macro   YES   is   defined. Macro   YES   is   defined.
```

由于“1”恒为真，所以语句“printf("\n i = %d" , i);”一定会被编译；由于程序中定义了宏 YES（宏 YES 取值多少并无意义），所以语句“printf("\n Macro YES is defined. ");”会被编译，而语句“printf("\n Macro YES is not defined. ");”编译不到。

本章小结

在 C 语言中，函数分为标准函数和用户自定义函数。本章主要介绍了用户自定义函数的定义和调用、多个函数构成的程序中变量和函数的存储属性及其影响，同时介绍了 C 语言的编译预处理命令。通过本章的学习，应掌握函数的使用和模块化程序设计的一般方法和技巧。

练习题

一、选择题

1．设有函数调用语句“func（(3,4,5)，(55,66)）;”，则函数 func( )中含有实参的个数为（　　）。

A．1　　B．2　　C．4　　D．以上都不对

2．在宏定义“#define MAX 30”中，用宏名代替一个（　　）。

A．常量　　B．字符串　　C．整数　　D．长整数

二、编程题

1. 编写一个递归函数，求斐波那契数列的前 40 项。
2. 编写函数，实现将两个字符串连接的功能。
3. 用带参数的宏编写程序，从 3 个数中找出最大数。

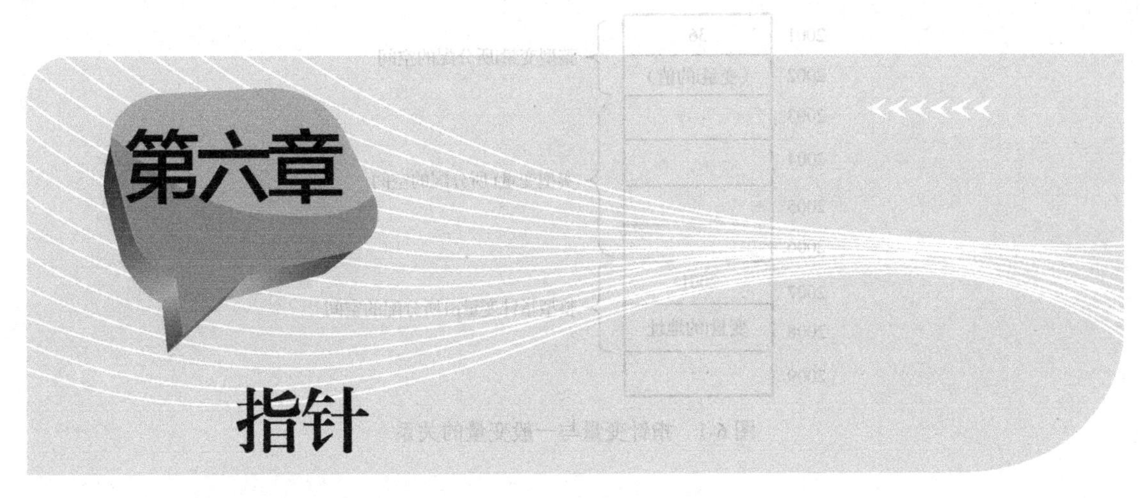

第六章 指针

学习目标

（1）了解指针的基本定义；
（2）理解指针内存空间的分配；
（3）掌握指针的使用方法。

第一节　指针概述

指针是内存单元的地址。计算机在内存中存放数据的单元称为变量，通过标识符名称可以存取该单元。在计算机内部，每个内存单元是以地址标识的，要存取一个内存单元必须提供单元的地址，不同的地址对应不同的内存单元。内存单元的大小以字节为基本单位，不同类型的变量在内存中的字节数是不一样的，例如在 Turbo C 中，一个 int 型的变量需要 2 字节的单元（注：Visual C++ 6.0 中 int 型变量是 4 字节），一个 float 型的变量需要 4 字节的单元，一个 double 型的变量需要 8 字节的单元等。这样，一个地址会由于所表示的单元类型的不同而具有不同特性，如一个 int 型地址标识了 2 字节大小的单元，一个 float 型地址标识了 4 字节大小的单元等，所以指针也有不同的类型。

C 语言将指针作为一种特殊的数据来使用，数据表示形式可以是常量，也可以是变量，并对指针数据定义了各种操作。与一般数据不同的是，指针有两种访问方式：直接访问与间接访问。直接存取指针值本身称为直接访问，得到的结果是指针。利用指针找到所标识的内存单元，然后访问该单元中的数据，称为间接访问，得到的结果是所标识的内存单元所存放的数据。如果一个指针能有效地标识一个内存单元，则称指针指向该单元。一个指针指向的单元中存放的数据仍为指针类型，该指针称为二级指针。

指针变量与一般变量的关系如图 6-1 所示。

在图 6-1 中，i 是整型变量，f 是单精度实型变量，p1 是整型指针变量。整型变量 i 中保存的是整型数据 36，而整型指针变量 p1 保存的是变量 i 的地址 2001。

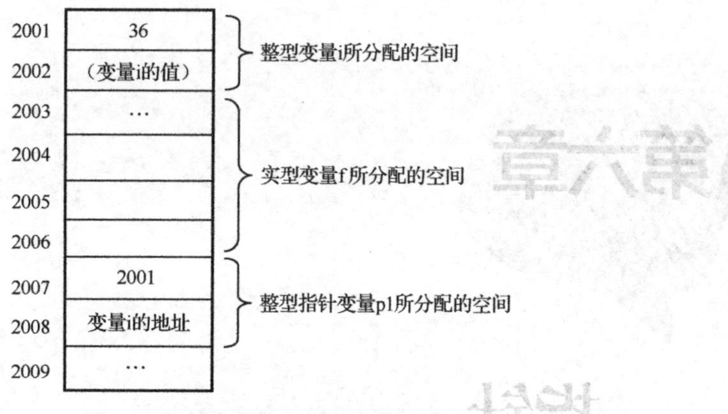

图 6-1 指针变量与一般变量的关系

第二节 一级指针

一、指针的表示

C 语言中有两种方式表示指针：指针常量和指针变量。

指针常量是对内存地址的直接表示。DOS 操作系统表示的内存地址是分段的，一个内存地址包含两个部分：段地址和偏移地址。

C 语言表示的指针常量地址也是分段的，格式如下：

MK_FP(段地址，偏移地址)

说明：MK_FP 是宏操作，用来组装段地址和偏移地址为一个指针变量。段地址和偏移地址都是十六位的二进制常数。得到的指针常量是远程通用类型的，即 void far* 型，far 地址可以是跨段的。

示例如下：

```
void   far *p;
p=MK_FP(0x1000,0x100);
```

该示例将指针常量赋值给指针变量 p。这种指针常量的使用方式受限于具体的使用环境。如 DOS 环境与 Windows 环境下对地址的描述就不一样，因此很少使用。

指针变量通过基类型构造得到，指针变量的定义形式如下：

基类型 * 指针变量名[=初始化值];

说明：基类型是指针所指向的内存单元的类型。指针变量名前面必须通过“*”号标识，不能与保留字和其他变量同名。初始化值是内存单元的地址，该内存单元必须是基类型，省略时指针变量中为随机值。NULL 是空指针常量，值为零，可以作为指针变量的初值。

下面均为合法的指针变量的定义形式：

```
int    *p1;
float   *p2;
int    i, j, *p3=&i, *p4=p3;
```

```
float   *p5, f;
```

下面是非法的定义形式：

```
int   *p1=30;
int   i,*p2=i;
int   *p1,*p3=&p1;
```

上面的 3 个定义中，p1、p2、p3 三个指针变量初始化值的类型有问题。

指针变量指向一个变量意思就是将该变量的地址赋值给了指针变量。例如，让指针变量 p5 指向变量 f 的方法如下：

```
p5=&f;
```

要求 p5 的基类型和 f 的类型一样，赋值后 p5 就可以间接访问所指向的变量 f。如果指针变量 p5 没有指向变量 f，就不能使用指针变量 p5 间接访问单元，因为这时候指针变量所指向的内存位置是不确定的随机值，使用随机值为地址的内存单元将导致严重的错误。为避免出现这种情况，对没有指向合法单元的指针变量可以将其初始化为空指针常量 NULL，明确表示指针变量没有指向任何内存单元，这样，如果有语句间接访问该指针变量，系统会报错并终止该命令，避免出现严重错误。

【例 6-1】 空指针使用示例。

```
#include<stdio.h>
void main()
{
    int i=50,*p1=&i,*p2=NULL;          /*p2 初始化为 NULL 空指针*/
    *p1=100;printf("%d\n",*p1);        /**p1 表示使用 p1 所指向的变量 i*/
    *p2=100;printf("%d\n",*p2);        /*p2 为空指针状态，使用*p2 会报错*/
}
```

本例中加入了一个引用 NULL 的错误。程序对指针变量 p2 初始化值为 NULL 空指针，空指针 NULL 是一个标准库中的常量。使用前必须包含相应的头文件，该常量在“alloc.h”“mem.h”“stddef.h”“stdio.h”和“stdlib.h”等几个头文件中均有定义。当语句“*p2=100;”试图通过*运算间接访问并修改指针 p2 所指向的 NULL 单元时，Visual C++ 6.0 系统能够自动检测到并弹出应用程序错误窗口报“"0x… …"指令引用"0x00000000"内存。该内存不能被 written”的错误信息，用户单击“确定”按钮退出。

二、指针的操作

指针的操作有两类：直接使用指针本身作为数据值进行操作得到的结果仍然是指针，间接使用指针访问指针所指向的内存单元得到的结果是内存单元的值。

（一）指针的直接操作

直接使用指针变量时，可以使用的操作有以下几种：

（1）取址与赋值：“&”用于取出变量的地址，“=”则向指针变量中传送一个指针值，例如“int i, *p1; p1=&i;”。

（2）显示：通过输出函数 printf()将指针数据显示出来，格式符是“%p”，例如

“printf("%p",p1);”。

（3）加减整数：指针与一个整数 n 相加（+）或相减（−），结果是指针向下或向上调整 n 个基类型单元，例如“int a[10], *p1=a, *p2=&a[9]; p1=p1+1; p2=p2−3;”。

p1 是整型指针变量，初始化后指向整型单元 a[0]，p1 加 1 后得到的指针的值指向整型单元 a[1]，然后将指针值赋值给 p1，因此 p1 指向整型单元 a[1]。p2 也是整型指针变量，初始化时通过取址操作（&）被赋值为整型单元 a[9] 的地址，p2-3 后得到的指针值指向整型单元 a[6]，然后将指针值赋值给 p2，因此 p2 指向整型单元 a[6]。

（4）同类指针相减：两个相同基类型的指针相减（−），结果是两个地址间基类型单元的个数，例如“int a[10], *p1=a, *p2=&a[9], n; n=p2−p1;”。

p1、p2 分别指向 a 数值的零号元素和 9 号元素，两地址间有 9 个整型单元的间隔，因此，p2-p1 的结果为 9，并赋值给整型变量 n。

【例 6-2】 指针操作的使用示例。

```
#include<stdio.h>
void main()
{
    int i=50,j=60,*p1=&j,*p2=&i;
    printf("%p %p %p\n",p1,p1+1,p2);
    printf("%d\n",p1-p2);
}
```

程序的运行结果如下：

```
0012FF7C   0012FF7C   0012FF78
1
```

由于整型变量 i, j 是连续定义的，因此两者的内存地址是相邻的，Visual C++ 6.0 中分配局部变量内存是在堆栈内存空间中，分配的顺序是按变量定义的先后从高地址到低地址来分配的，局部变量 i 的地址比变量 j 的地址大，所以 p1+1 的指针值等于 p2 的指针值，因 p2-p1 等于整数 1。由于每次运行程序时操作系统为变量 i 和 j 分配的内存是不一样的，因此，上面的运行结果的第一行是不确定的值。

（二）指针的间接操作

间接操作指针是指通过指针访问所指向的内存单元的过程，具体步骤如下：

（1）先通过指针的直接操作计算得到内存单元的地址。

（2）再通过间接访问运算符“*”访问该地址所指向的内存单元。

例如：int i, *p1=&i; *p1=100;

整型指针变量 p1 初始化指向整型单元 i，语句“*p1=100;”分两步操作，首先通过*运算间接操作指针 p1 得到 p1 所指向的内存单元，即整型变量 i，然后将 100 赋值到该内存单元当中，这样整型变量 i 中存放了值 100。

在上例中“int *p1;”和“*p1=100”中都出现了“*”号，两者的作用是不一样的，前者是指针变量的构造符号，后者是指针的间接操作运算，由于一个用于指针变量的声明，一个用于表达式中指针的运算，两者的使用位置是不同的，所以不会出现问题。

三、指针的使用

下面对指针的用法作一些深入的讨论。

（1）&*p1 的结果。如果要在【例 6-2】中显示&*p1 的结果该使用指针格式符还是整型格式符？由于 p1 指向整型变量 j，*p1 的结果是间接访问变量 j，&*p1 的结果则是取变量 j 的地址，即&*p1=&(*p1)=&(j)=&j=p1。因此结果是指针，应该使用指针格式符“%p”。

（2）*&i 的结果。如果要在【例 6-2】中显示*&i 的结果该使用指针格式符还是整型格式符？ &i 的结果是整型变量 i 的地址，*&i 的结果是间接访问&i 指针所指向的整型变量 i，即*&i=*(&i)=*(p2)=&p2=i ， 因此结果是整型值，应该使用整型格式符“%d”。

（3）*p1++与(*p1)++的结果。前者是先做++，再做*运算，后者则相反。

先看前者。*p1++相当于*(p1++)，该表达式的含义是首先取*p1 的值（即变量 j 的值 60），然后再有 p1=p1+1。

再看后者。由于指针变量 p1 指向 j，故*p1 实际上就是 j，因此就有以下等式成立：(*p1)++=j++。(*p1)++是先取*p1 的值(即 j 的值，初值为 60)，然后再有 j 的值从 60 增加到 61。

（4）&p1 的结果。&p1 的结果是指针变量 p1 的地址，因此可以使用指针格式符“%p”来显示。由于该地址的基类型是指针类型，因此该地址是二级指针，即指向的内存单元是指针类型。该指针不能赋值给指针变量 p2，因为 p2 的基类型是整型，而不是指针类型。

下面是一个指针变量的使用示例。

【例 6-3】 请给出下面程序的运行结果。

```
#include<stdio.h>
void main()
{
    int i=50,j=60,*p,*p1=&i,*p2=&j;
    if(i<j)
    {
        p=p1;p1=p2;p2=p;
    }
    printf("%d%d\n",i,j);
    printf("%d%d\n",*p1,*p2);
}
```

程序的运行结果如下：

```
5060
6050
```

程序的主体为 if 语句，在 i 小于 j 时完成指针变量 p1、p2 的互换，这时 p1 不再指向 i，而指向变量 j，p2 则改为指向变量 i。但是，由于程序中变量 i 和 j 的值并没有改变，所以第一行输出结果仍为 5060，而指针变量 p1、p2 所指向的变量互换了，所以第二行的结果才是互换后的 6050。

C 语言中指针和数组是紧密联系的。指针变量指向数组中某个成员后可以通过加或减整数来调整指向下一个或者上一个成员，然后通过间接访问操作访问数组成员，不仅如此，指针变量甚至可以直接使用下标操作来访问所指向的成员。同样，数组可以利用指针变量成为函数的参数，这可以使n维数组的访问一维化，灵活了数组的使用。

请看几个示例：

```
int A[10], *p=A, *q, i=5;
```

（1）*p：整型指针变量p初始化时赋值为一维数组名A，即A数组中第一元素A[0]的地址，*p的结果是间接访问p所指向的内存单元，即A[0]。

（2）*（p+i）：同上，p的结果是A[0]的地址，p+i的作用是调整指针，结果是数组元素A[0]后面排在第i个位置的数组元素的地址，即A[i]的地址。*(p+i)的结果是间接访问指针p+i所指向的内存单元A[i]。

（3）q=&A[i]：整型变量i初始化为5，&A[i]的结果是数组成员A[5]的地址，“q=&A[i];”语句的作用是将A[5]的地址赋值给指针变量q。

（4）*（q++）（当执行“q=&A[i];”语句后）：如（3）所述，指针变量q通过赋值得到了A[5]的地址，q++的结果是q加1之前的地址值，仍然是A[5]的地址，*(q++)的结果是间接访问指针q++所指向的内存单元A[5]。最后指针变量q会由于++运算增1指向A[6]的地址，但这不会影响*(q++)的结果。

（5）*（++q）（当执行“q=&A[i];”语句后）：如（3）所述，指针变量q通过赋值得到了A[5]的地址，++q的结果是修改q，使指针变量q加1，这时q指向A[5]的下一个单元A[6]，所以结果是A[6]的地址，*(++q)的结果是间接访问指针++q所指向的内存单元A[6]。

（6）*（A+i）：数组名A表示数组中第一元素的地址，即A[0]的地址，A+i是指针操作，结果是数组中A[0]元素之后排在第i个位置的数组元素的地址，即A[i]的地址，*(A+i)的结果是间接访问指针A+i所指向的内存单元A[i]。

（7）p[i]：指针变量名p后跟下标操作是一种合法的操作，表示间接访问指针p+i所指向的内存空间，由于p初始化为A[0]的地址，p+i的结果是A[0]后第i个数组成员A[i]的地址，因此，p[i]的结果是间接访问数组成员A[i]。

第三节　二级指针

一、二级指针的定义

二级指针是一种特殊的指针类型，指针所指向的内存单元的类型叫作基类型，二级指针的基类型是指针类型，即它指向的内存单元中存放的是指针，所以也称为指向指针的指针。二级指针指向的内存单元中可以存放指针，如果该指针又是二级指针，即该指针又能指向一个存放指针的内存单元，这时原来的二级指针称为三级指针，依此类推，可以定义n级指针，如图6-2所示。

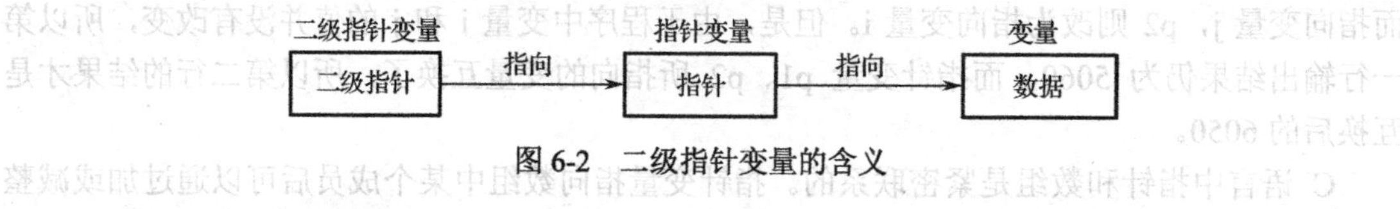

图6-2　二级指针变量的含义

二级指针变量的定义形式如下：

```
基类型    ** 二级指针变量名[=初始化值];
```

说明：基类型是二级指针变量所指向的指针所指向的内存单元的类型，二级指针变量名前面必须通过双“*”号标识，不能与保留字或其他变量同名。初始化值是指针类型的内存单元的地址，该指针类型的单元所指向的内存单元的类型必须是基类型，省略时二级指针变量中为随机值。NULL 可以作为二级指针变量的初值。

例如：

```
int  i;
int  *p=&i;
int  **pp=&p;
```

其中，p 为整型指针变量，而二级指针变量 pp 的初值为指针变量 p 的地址。

二、二级指针的操作

前面介绍的指针操作，如取址赋值、显示、加减整数、指针相减、间接访问等，都可以应用于二级指针。间接访问操作*应用于二级指针得到的是指针，再应用一次才能得到数据单元。

例如：

```
int i,*q=NULL,**qq=NULL;
qq=&q;
*qq=&i;
**qq=30;          /*相当于为 i 赋值为 30*/
```

这里二级指针的操作有 3 种情况。

（1）直接使用二级指针变量，如 qq，表示直接使用 qq 中的指针值，即使用指针变量 q 的地址。

（2）间接使用二级指针变量，如*qq，表示使用二级指针 qq 指向的指针变量，即使用指针变量 q。

（3）二次间接使用二级指针变量，如**qq，表示使用二级指针 qq 指向指针变量 q 所指向的单元，即使用整型变量 i。

下面看几个使用示例：

```
int a[5]={1,2,3,4,5}, i=10, *p=a, *q=&j, **pp=&p, n=1;
```

（1）“**pp=*p+50;”：p 初始化为 a[0] 的地址，*p 的结果是 a[0]；*p+50 的结果就是 a[0] 的值+50，等于 51；pp 初始化为 p 的地址，*pp 结果就是 p；**pp 的结果是 p 指向的单元，也就是 a[0]；**p=*p+50 的作用就是将*p+50 的结果 51 赋值给变量 a[0]。

（2）“*p=**pp+50;”：同上，**pp 的结果是 a[0]，**pp+50 的结果是 51，*p 的结果是 a[0]，*p=**pp+50 的作用就是将 51 赋值给 a[0]。

（3）“*pp=q;”：类似的，*pp 的结果是 p，q 初始化为 j 的地址，**pp=q 的作用是将 j 的地址赋值给 p。

（4）“**(pp+n)=50;”：pp 初始化为 p 的地址，n 初始化为 1，pp+n 的结果是紧跟在 p 指针后面的指针变量的地址，即 q 的地址，*(pp+n)的结果是 q，q 初始化为 j 的地址，**(pp+n)

的结果是 q 指向的单元，也就是 j，**(pp+n)=50 的作用是将 50 赋值给变量 j。

（5）“*(*pp+n)=50;”：pp 初始化为 p 的地址，*pp 的结果是 p，n 初始化为 1，p 初始化为 a[0]的地址，*pp+n 的结果是紧跟在 a[0]之后的 a[1]的地址，*(*pp+n)的结果是 a[1]，*(*pp+n)=50 的作用是将 50 赋值给变量 a[1]。

三、二级指针的使用

指针数组是以指针作为元素类型的数组，数组名加下标可以访问数组成员，指向数组成员的指针加下标也可以访问数组成员。由于指针数组的成员是指针，指向数组成员的指针就是二级指针。因此，要通过指针方式来访问指针数组必须定义二级指针变量。

【例 6-4】 使用二级指针访问指针数组，将整型变量 a、b、c、d、e 从小到大排序。

```
#include<stdio.h>
void main()
{
    int a=13,b=51,c=23,d=40,e=18,i,j,temp;
    int *p[5],**pp=p;          /*二级指针变量 pp 指向数组 p*/
    p[0]=&a;p[1]=&b;p[2]=&c;p[3]=&d;p[4]=&e;
    for(i=0;i<=3;i++)
    {
        temp=**(pp+i);
        for(j=i+1;j<=4;j++)
            if( temp>**(pp+j) )
                { temp=**(pp+j); **(pp+j)=**(pp+i); **(pp+i)=temp;}
    }
    printf("Sorted Data:\n%d %d %d %d %d\n",a,b,c,d,e);
}
```

程序的运行结果如下：

```
Sorted  Data:
13  18  23  40  51
```

程序中二级指针变量 pp 初始化为指针数组名 p，虽然 pp 可以通过下标操作[]来存取数组成员，但是这里没有这样做，而是采用二级指针来完成同样的工作。pp+i 的结果是 p[i] 的地址，*(pp+i) 的结果是 p[i]，**(pp+i)的结果是指针变量 p[i]所指向的单元，即 a、b、c、d、e 五个变量中的一个，到底是哪个由 i 决定。同理，**(pp+i)的结果是指变量 p[j]所指向的内存单元。

二维数组是指以一维数组为元素类型的数组，只给出第一维下标时可以得到一个一维数组，二维数组名加上不同的第一维下标值可以得到连续多个一维数组。这些一维数组必须再加上第二维下标才可以得到二维数组的成员，二维数组名加上第一维下标可以看成得到的一维数组的名称。

请看几个使用示例：

```
int A[3][5], **p=A, i=2, j=3;
```

（1）**p：二级指针 p 初始化为二维数组名 A，即 A[0]的地址，*p 的结果是一维数组 A[0]，也就是 A[0][0]的地址，**p 的结果是二维数组的成员 A[0][0]。

（2）*(*p+1)：同上，*p 的结果是 A[0][0]的地址，*p+1 的结果是紧跟在 A[0][0]后面的成员 A[0][1]的地址，*(*p+1)的结果是 A[0][1]。

（3）**(p+1)：二级指针 p 初始化为二维数组名 A，即 A[0]的地址，p+1 的结果是紧跟在 A[0]后面的一维数组 A[1]的地址，*(p+1)的结果是一维数组 A[1]的地址，也就是 A[1][0]的地址，**(p+1)的结果就是 A[1][0]。

（4）*(*(p+i)+j)：同上，p+i 的结果是 A[0]后面的第 i 个一维数组 A[i]的地址，*(p+i)的结果是一维数组 A[i]的地址，也就是 A[i][0]的地址，*(p+i)+j 的结果是 A[i][0]后面的第 j 个成员 A[i][j]的地址，*(*(p+i)+j)的结果就是 A[i][j]。

在上例中，二级指针变量 p 可以像二维数组名 A 一样使用下标操作。同样，二维数组名 A 可以像二级指针变量 p 一样使用指针操作。例如，**p 也可以表示为 p[0][0]或**A，*(*(p+i)+j)可以表示为 p[i][j]或*(*(A+i)+j)。

第四节　数组指针

数组指针是以数组为基类型的特殊的指针类型，以一维数组为基类型的数组指针是一维数组指针。一维数组指针加/减一个整数 n 的操作是将数组指针向下/向上调整 n 个一维数组大小的位置，一维数组指针从一维数组变量名取址，间接访问得到的是一维数组变量名，要继续访问数组中的成员必须再后跟一个下标操作或再次使用间接访问操作，因此，一维数组指针需要两次间接操作才能访问到数组成员，这类似于二级指针。

一维数组指针变量的定义格式如下：

基类型 (* 一维数组指针变量名)[数组大小][=初始值];

说明：基类型和数组大小用于定义指针所指向的一维数组单元的类型，初始值表外面的方括号表示这部分可以省略，省略时不初始化数组指针变量，初始值是一维数组类型的单元地址。一维数组指针变量名不能与其他变量名及保留字同名，外面的圆括号是必须的，没有圆括号会与指针数组的定义方式冲突。

【例 6-5】　一维数组指针变量的使用。

```
#include <stdio.h>
void main()
{
  int a[10]={1,2,3,4,5,6,7,8,9,10};
  int (*p)[10]=&a;
  printf("%p,%p\n%p,%p\n%d",a,*p,*p+1,*(p+1), *(*p+1));
}
```

程序的运行结果如下：

```
0012FF58,0012FF58
0012FF5C,0012FF80
2
```

p 是一维数组指针变量，所指向的是 10 个元素的整型数组，初始化为数组变量 a 的地址。*p 的结果是间接访问所指向的一维数组 a，运行结果的第一行说明两者结果是相等的。*p+1 的结果是一维数组名 a 所指向的单元 a[0]后面一个单元的地址，即 a[1]的地址，p+1 的结果是 p 所指向的一维数组 a 后面的一个一维数组的地址，由于一个数组大小为 10 的一维整型数组 a 占用了 20 个字节的内存空间，因此，p+1 所指向的数组在 a 数组地址加 40 个字节的位置，即(0012FF58)16+40=(0012FF80)16，*(p+1)的结果是该数组的零号元素的地址(0012FF80)16。*p+1 的结果是 a[1]的地址，*(*p+1)的结果是 a[1]。

第五节　动态数组

一、动态内存分配

变量需要在内存分配存储单元，例如整型、实型、指针类型以及数组类型的变量均在编译时判断所需空间大小，并进行存储空间的分配，运行时不能改变其类型和空间大小，这种方式称为静态内存分配。

C 语言允许变量所需的存储空间在运行时才分配，这种分配方式称为动态内存分配。静态空间可以通过变量名来使用，也可以通过指针变量来使用，如果是动态空间，则只能通过指针变量来使用。而且，动态分配的空间可以是简单的单元，如整型单元等，还可以是数组的空间，利用指针变量同样可以对动态数组空间进行使用。

用于动态分配的内存来自一个叫“堆”的区域。计算机的内存分为 4 部分，分别为程序代码区、全程数据区、堆栈区和堆区。除程序代码区外，其余三区均可保存数据。全程数据区用于定义全局变量或静态变量，具有最长的生命期；堆栈区用于定义局部变量或者形参变量，采用函数被调用时自动建立变量，调用结束时自动删除变量的管理方式；堆区则用于动态数据空间的分配，C 语言中专门提供了一组标准函数管理该区中空间的分配与释放，其函数原型放在头文件“malloc.h”或“stdlib.h”中。

（一）malloc() 函数

其函数原型如下：

```
void * malloc(unsigned int size);
```

其功能是分配一块长度为 size 字节的连续空间，并将该空间的首地址作为函数的返回值。如果函数没有成功执行，返回值为空指针（NULL）。由于返回的指针的基类型为 void，应该通过显式类型转换后才能存入其他类型的指针变量中，否则会有警告错误。

例如：

```
int   *p;
p=(int *) malloc(sizeof(int));
```

sizeof 运算符返回某类型所需的内存字节数或某变量所分配的字节数，该处返回一个整型变量所需的字节数 2（注：Visual C++ 6.0 中为 4），并用它作为动态分配内存空间的大小。返回的指针要先通过（int*）转换成整型指针，然后才赋值给整型指针变量 p。

（二）coreleft()函数

其函数原型如下：

```
unsigned coreleft(void);
```

其功能是返回当前堆区中剩余空间的字节数，void 作为参数，表示该函数调用时不需要参数。在分配空间前可以利用该函数判断是否有足够的堆空间，以避免分配内存时出错。

（三）free() 函数

其函数原型如下：

```
void free(void *block);
```

其功能是释放以前分配给指针变量 block 的动态空间，但是指针变量 block 不会自动变成空指针。

（四）calloc() 函数

其函数原型如下：

```
void *calloc(unsigned n,unsigned size);
```

其功能是以 size 为单位，共分配 n*size 个字节的连续空间，并将该空间的首地址作为函数的返回值。如果函数没有成功执行，返回值为空指针（NULL）。该函数比 malloc 函数方便之处在于当动态分配数组空间时，malloc() 函数必须手工计算出数组的总字节数，而 calloc() 函数不用计算。

二、动态数组的定义

动态数组指利用动态内存空间堆建立的数组，其特点是数组的大小可以在运行时给定。

动态数组的定义分为 3 步：

（1）首次定义动态数组名为一个指针变量。

（2）然后利用动态内存分配函数为该变量分配足够的数组成员空间。

（3）使用完后利用动态内存释放函数释放回收分配的空间。

例如：

```
int *p;
p =(int *)calloc(10 ,sizof(int));
/*此处使用动态数组 p*/
free(p);
```

指针变量 p 所分配的空间可以很容易地看出是 10 个整型元素的数组空间，比 malloc()函数更适合动态数组的分配。

上述函数既可以完成堆空间的分配，又可以回收，还可检查可用堆空间的大小，使用是很方便的。但在使用时，要注意检查函数的返回值是否表示分配失败，若是这样，则不能使用分配的内存。

前面介绍的数组采用了静态方式分配内存空间，其特性之一是必须有界，即定义时要预先确定其大小，超界使用会带来严重的错误。数组大小必须是常量表达式，如果使用变量或函数表示数组的大小，编译时会出错。例如：

```
int  n=10;
int  a[n];                                  /*编译时报错*/
```

但是，利用动态分配方式分配数组空间则不受这些限制，其定义数组的大小可以动态变化。例如：

```
int  n=10;
int  *a;
a=calloc(n,sizeof(int));
```

在上面的定义中，a 可以看成数组名，所分配到的内存空间不需要预先确定，分配的大小也是通过变量 n 来指定的。在使用中，虽然是指针变量，a 仍然可以使用下标运算（[ ]）来调用元素，使用方法跟一维数组一样，程序格式简单、清晰。

【例 6-6】 Josephus 问题。有 n 个小朋友围成一圈，从 1 开始顺序编号到 n，现在从 s 号开始点到，每次点到第 m 个人就请出列，然后从下一个人开始重新点到，仍然每次到第 m 个人出列，请编程计算出小朋友的出列顺序（当 n=6，s=1，m=3 时，如图 6-3 所示，出列顺序为 3 6 4 2 5 1）。

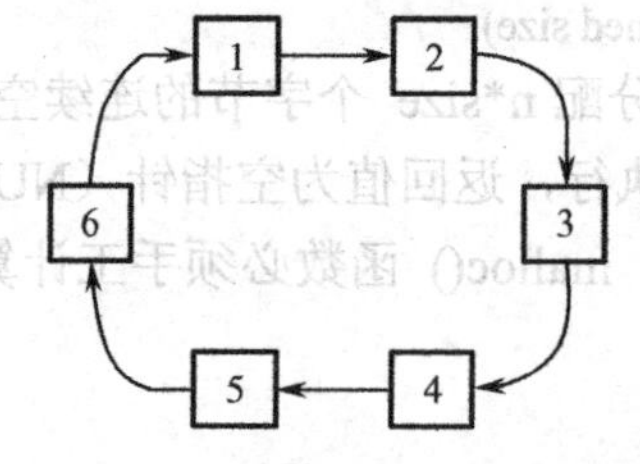

图 6-3　n = 6 时的 Josephus 问题

程序如下：

```
#include <stdio.h>
#include <malloc.h>
int next(int c[],int start,int move,int num)
{     int i,s;
i=start;
s=0;
while(1)
{   while(c[i]<0) i=(i+1)%num;
                    /*利用%操作进行数组下标的循环计数*/
                    s=s+1;
                    if(s==move) break;
                    else i=(i+1)%num;
  }
  return i;
}
void out(int c[],int position)
{   c[position]=-c[position];                /*对出列的人将其编号变负数*/
}
```

```
void main()
{
  int s,m,n,*c,i;
  printf("please input n,s,m:\n");
  scanf("%d,%d,%d",&n,&s,&m);
  c=(int *)calloc(n,sizeof(int));              /*建立动态数组 c*/
  for(i=0;i<n;i++) c[i]=i+1;                   /*填入人员编号*/
  i=0;
  s=s-1;                                       /*下标序号 s 与开始位置 s 相差 1*/
  while(i<n)
  {
        i=i+1;
        s=next(c,s,m,n);
        /*从 s 开始计算第 m 个人并返回其下标序号*/
        printf("No.%2d: %2d\n",i,c[s]);
        out(c,s);                              /*将当前人 s 出列*/
  }
  free(c);                                     /*释放动态数组 c*/
}
```

程序的运行结果如下：

```
Please input   n,s,m;
5,1,3
No. 1：3
No. 2：1
No. 3：5
No. 4：2
No. 5：4
```

由于不知道人的情况，所以程序中采用动态数组来构成环形圈，每个数组元素保存一个人员的编号，如果已经出列，则将该编号变负数（见程序中的 out()函数）。

next(c,s,m,n)的作用是从 s 下标开始计数，数到第 m 个人后将其下标返回。为了能循环计数，提供了总人数变量 n，为了能判断人员是否出列，提供了动态数组 c。

out(c,s)的作用是将数组中下标为 s 的元素出列。

当遇到规模大小未知的情况时，可以采用动态法分配空间。也可以采用分配一个足够大的静态数组的方法来处理这种情况，但这种方法能解决的问题仍然是有界的，其还很容易造成大量的空间浪费。

动态空间在 C 语言程序设计当中的使用非常广泛，使用它，不仅能建立简单类型、数组类型的数据空间，还能建立复杂结构类型的数据空间，称为动态链表，但是前提是必须知道所需数据空间的大小。

第六节　函数指针

函数指针是指函数代码在内存中的开始地址。函数名就是一种函数指针，在函数名后跟一对圆括号界定的若干个实际参数就可以从函数代码的开始地址执行函数，称为函数的调用，这是函数指针的唯一操作方式，函数指针不支持以前介绍的指针操作。函数指针也有不同的类型，函数指针类型的不同反映在函数声明中返回类型和参数个数、顺序和类型的不同上。

定义函数指针变量格式如下：

返回值类型　(* 函数指针变量名)([参数类型表]);

说明：参数类型表可以省略，表示该函数指针变量是无参的，这种参数格式的函数指针变量可以接收任意参数格式的函数指针，即对函数的参数个数、顺序及类型均没有要求。

返回值类型可以是 void，表示无返回值。

函数指针变量也可以被赋值，也可以像函数名那样被调用。

【例 6-7】　函数指针变量的使用。

```
#include<stdio.h>
int max(int x, int y)
{
  int temp;
      if(x>y) temp=x;
  else temp=y;
      return(temp);
}
void main()
{
     int(*pmax)(int,int);              /* 注意 1：定义函数指针变量 */
     int i=50,j=60;
     pmax=max;                          /* 注意 2 */
     printf("%d\n",(*pmax)(i,j));       /* 注意 3 */
}
```

在程序中，“int(*pmax)(int,int);”语句定义了一个函数指针变量 pmax，它的类型是有两个整型形参和整型返回值。函数 max()用于比较两个数的大小并返回较大的数，其参数格式和返回类型均符合函数指针变量 pmax 的要求，因此可以将 max 赋值给 pmax，“pmax=max;”语句完成该操作。pmax 可以间接访问所指向的函数代码，即调用指向的函数 max()，调用时函数指针变量可以像函数名 max 一样使用。也可以使用间接访问符“*”后，再像一般函数那样使用，即 pmax(i,j)或(*pmax)(i,j)都是合法的间接访问操作。

本章小结

本章主要介绍了指针的基本概念和简单应用。指针是 C 语言中的重要概念，是 C 语言的一个重要特色。使用指针可以提高程序效率，还可以实现动态存储分配，可以从函数调用得到多个改变的值。

同时还要看到，由于指针使用太灵活，技术熟练的程序人员可以写出高质量的程序代码，但是也十分容易出错，而且错误很难被发现。因此，在使用指针的时候一定要小心谨慎，多上机调试，弄清细节。

练习题

一、选择题

1．若有说明“int a=2, *p=&a, *q=p;”，则以下非法的赋值语句是（　　）。

A．p=q　　B．*p=*q　　C．a=*q　　D．q=a

2．若定义“int a=511, *b=&a;”，则“printf("%d\n" , *b);”的输出结果为（　　）。

A．无确定值　　B．a 的地址　　C．512　　D．511

3．变量的指针，其含义是指该变量的（　　）。

A．值　　B．地址　　C．名　　D．一个标志

4．若有语句“int *p, a=10; p=&a;”，下面均代表地址的选项是（　　）。

A．a, p, *&a　　B．&*a, &a, *p

C．*&p, *p, &a　　D．&a, &*p, p

5．若指针 p 已正确定义，要使 p 指向两个连续的整型动态存储单元，不正确的语句是（　　）。

A．p=2*(int *)malloc(sizeof(int))

B．p=(int *)malloc(2*sizeof(int))

C．p=(int *)malloc(2*2)

D．p=(int*)calloc(2, sizeof(int))

6．下面程序段的运行结果是（　　）。

```
char *s= "abcde" ;
s+=2;
printf( "%d" , s);
```

A．cde　　B．字符 'c'　　C．字符'c'的地址　　D．无确定的输出结果

7．若已定义“char s[10];”，则在下面的表达式中不表示 s[1] 地址的是（　　）。

A．s+1　　B．s++　　C．&s[0]+1　　D．&s[1]

8．若有以下定义和语句：

```
int s[4][5], (*ps)[5];
ps=s;
```

则对 s 数组元素的正确引用形式是（　　）。

A．ps+1　　B．*(ps+3)　　C．ps[0][2]　　D．*(ps+1)+3

9．设有如下的程序段：

```
char s[]="girl" , *t; t=s;
```

则下列叙述正确的是（　　）。

A．s 和 t 完全相同

B．数组 s 中的内容和指针变量 t 中的内容相等

C．s 数组长度和 t 所指向的字符串长度相等

D．*t 与 s[0]相等

10．有以下函数：

```
char *fun(char *s)
{ …
return s;
}
```

该函数的返回值是（　　）。

A．无确定值　　B．形参 s 中存放的地址值

C．一个临时存储单元的地址　　D．形参 s 自身的地址值

二、编程题

写一个函数，将一个 n 阶方阵转置。具体要求如下：

（1）初始化一个矩阵 A（5×5），元素值取自随机函数，并输出。

（2）将其传递给函数，实现矩阵转置。

（3）在主函数中输出转置后的矩阵。［提示：程序中可以使用 C++库函数 rand()，其功能是产生一个随机数（0～65 535），其头文件为“stdlib.h”。］

第七章 结构体

学习目标

（1）了解结构体类型；

（2）掌握结构体变量的定义；

（3）掌握结构体变量的使用。

第一节　结构体类型

一、为什么使用结构体类型

存储整数用整型变量，存储小数用浮点类型变量，存储一个字符用字符类型变量，存储多个字符（即字符串）用字符数组，存储地址用指针变量，存储学生信息（学号、姓名、性别、年龄、成绩）见表 7-1，每个学生的学号、姓名、性别、年龄和成绩是一个整体，不能单独存储，用什么类型变量存储呢？前面讲的所有类型都不能表示，需要程序员自定义一种新的数据类型，称为结构体类型，这种数据类型由多种不同数据类型的数据项组成。例如存储学生信息，可以自定义一种新的结构体类型，起名为 struct student。struct student 类型包含字符数组类型的 stuno、字符数组类型的 stuname、字符数组类型的 stusex、整型的 stuage、整型的 stuscore。例如存储图书信息，可以自定义一种新的结构体类型，起名为 struct book.struct book 类型包含字符数组类型的 bookid、字符数组类型的 bookname、字符数组类型的 bookauthor、字符数组类型的 bookpublisher、字符数组类型的 bookisbn，浮点类型的 bookprice。结构体类型可以通过描述客观世界中事物的各个属性特点来直观表示实体类型。结构体类型可以统一管理不同数据类型的数据项，把不同的属性集成一个整体来处理，是实体的抽象，是实体变量的模板。

表 7-1　学生信息

学　号	姓　名	性　别	年　龄	成　绩
160508010213	李金爽	男	20	96
160506010254	丁文权	男	21	88
160508010125	杨鑫鑫	女	20	82
160508010129	王博卿	女	19	91
160508010236	陈帅军	男	20	100
160508010305	刘斌斌	女	21	88
160508010115	李锦燕	女	21	90

二、结构体类型的定义

结构体类型是一个或多个相同数据类型或不同数据类型的属性组成的，组成结构体类型的每个属性都称为该结构体类型的成员。在解决复杂实际问题时，首先分析出要表示的客观实体及其各个属性特点，然后定义表示此实体的结构体类型。结构体类型定义格式如下：

```
struct 自定义结构体类型名称            //struct 是自定义结构体类型的关键字
{
    数据类型 属性 1;
    数据类型 属性 2;
    ...
    数据类型 属性 n;
};                                    //分号不要丢掉
```

例如编写学生信息管理系统，需要表示学生实体，通过分析得知学生的属性有学号、姓名、性别、年龄和成绩。这时可以使用下列语句自定义一个名称为 struct student 的结构体类型：

```
struct student                        //描述学生的自定义结构体类型名称
{
    char stuno[13];
    char stuname[8];
    char stusex[3];
    int stuage;
    int stuscore;
};
```

注意：

（1）结构体类型以关键字 struct 开头，后面跟的是结构体类型的名称，该名称的命名要符合标识符命名规则。

（2）区分结构体类型与结构体类型的变量，struct student 的作用类似 int、float 和 char 等，定义好结构体类型以后，并不意味着分配一块内存单元来存放各个属性的值，它只是告诉编译系统结构体类型是由那些类型的属性构成，各占多少字节，并把这些属性当作一个整体来处理，然后可以用它来定义 struct student 类型的变量。定义好 struct student 类型的变量后就可以用此变量来存储一个学生的相关属性。

三、结构体类型变量

（一）结构体类型变量定义

定义的结构体类型相当于一个模型，并不能存储学生信息，要想存储表 7-1 中学生李金爽和丁文权的信息，需要定义两个 struct student 类型的变量，变量定义格式：

```
struct student stu1,stu2;
```

stu1 和 stu2 变量是 struct student 结构体类型的具体化、实例化。系统会为变量 stu1 和 stu2 分配内存空间，每个变量占用的内存是各个属性所占字节数之和。例如，在变量 stu1 中，由于成员 stuno 占 13 个字节，stuname 占 8 个字节，stusex 占 3 个字节，stuage 占 4 个字节，stuscore 占 4 个字节，因此变量 stu1 占用的内存大小是各成员所占字节数之和，即 32 个字节。另外计算 stu1 变量所占内存空间的方法有 sizeof(stu1)或 sizeof(struct student)。计算 stu1 变量所占内存空间的程序如下：

```
#include<stdio.h>
#include<stdlib.h>
struct student
{
    char stuno[13];
    char stuname[8];
    char stusex[3];
    int stuage;
    int stuscore;
};
void main()
{
    struct student stu1;
   printf("stu1 变量所占内存空间为：");
    printf("%d\t%d\n",sizeof(stu1),sizeof(struct student));


}
```

结构体变量定义通常可以采用两种方法。第一种方法步骤如下：

（1）定义结构体类型，如 struct student。

（2）利用 struct student 定义结构体类型变量 stu1。

另外一种方法，在定义结构体类型的同时定义变量，格式如下：

```
struct birthday
{
    int year;
```

```
    int month;
    int date;
}day1,day2;         //定义结构体类型 struct birthday,并且定义两个变量 day1，day2
```

（二）结构体类型变量的引用

结构体类型变量包含若干个属性，引用结构体类型变量主要是使用结构体类型变量中的每个属性。结构体变量中属性的引用格式：

```
结构体变量名.属性名;
```

例如引用 stu1 变量中的成绩属性 stuscore 的方法是“stu1.stuscore;”。

（三）结构体类型变量赋值

由于结构体类型描述若干个属性的特点，所以结构体类型变量可以存储若干个属性的值。对结构类型变量初始化的过程，其实就是为结构体中各个属性初始化的过程。下面介绍三种结构体类型变量初始化的方式。

（1）在定义结构体类型变量的同时，对结构体变量赋值，也称为对变量进行初始化，具体示例如下：

```
struct student stu1 = {"160508010213","李金爽","男",20,96};
```

注意：①初始化结构体类型变量时需要用大括号包含所有属性值，每个属性值之间用逗号分开；②只有定义变量时可以使用大括号为每个属性进行赋值。

（2）定义结构体类型变量后再单独为变量赋值，可以通过对变量中每个属性单独赋值来实现，具体示例如下：

```
strcpy(stu2.stuno,"160508010129");
strcpy(stu2.stuname, "王博卿");
strcpy(stu2.stusex, "女");
stu2.stuage=19;
stu2.stuscore=91;
```

注意：字符串赋值不能直接使用等号，如“stu2.stuno="160508010129"”，只能使用赋值函数 strcpy()。其中程序中如果使用 strcpy()函数，必须把头文件“string.h”包含在程序中。

（3）定义结构体类型变量后，对变量再进行整体赋值，只能通过把已知结构体类型变量赋值给另外一个结构体类型变量来实现，具体示例如下：

```
strcut student stu3;
stu3=stu1;
上面三种结构体类型变量赋值方法的例子如下：
#include<stdio.h>
#include<stdlib.h>
#include<string.h>
struct student
{
    char stuno[13];
    char stuname[8];
```

```
        char stusex[3];
        int stuage;
        int stuscore;
    };
    void main()
    {
        //stu1 定义同时初始化赋值
        struct student stu1 = {"160508010213","李金爽","男",20,96},stu2,stu3;

        //stu2 定以后，通过属性单独赋值
        strcpy(stu2.stuno,"160508010129");
        strcpy(stu2.stuname, "王博卿");
        strcpy(stu2.stusex, "女");
        stu2.stuage=19;
        stu2.stuscore=91;

    printf("学号\t\t 姓名\t 性别\t 年龄\t 成绩\n\n");
        printf(" %s      %s\t %s\t %d\t %d\n",stu2.stuno,stu2.stuname,stu2.stusex,stu2.stuage,stu2.stuscore);
    //stu3 确定以后，通过已知结构体类型变量进行整体赋值
        stu3 = stu1;
        printf(" %s      %s\t %s\t %d\t %d\n",stu2.stuno,stu1.stuname,stu1.stusex,stu1.stuage,stu1.stuscore);
    printf(" %s %s\t %s\t %d\t %d\n",stu2.stuno,stu3.stuname,stu3.stusex,stu3.stuage,stu3.stuscore);
    }
```

四、用 typedef 定义数据类型

为了增加程序的可读性，使程序更简洁，C 语言程序员经常用 typedef 为已有数据类型定义一个更简单、更有意义和可读性更好的新名字。关键字 typedef 用来为已经定义的数据类型定义一个别名，这相当于为数据类型起了一个“外号”，其和原来数据类型的作用一样。例如，给数据类型 int 起一个别名 Status：

```
typedef int Status;     //Status 和 int 的作用一样
```

Status 和 int 的作用是一样的，如果定义整型变量 flag 表示实际问题中的一种状态，flag 等于 0 表示错误，flag 等于 1 表示正确，此时用数据类型 Status 定义变量 flag 是整型，更有意义、可读性更强。

```
Status flag;        //定义变量 flag 为整型变量，和"int flag; "语句作用等价
```

前面定义的结构体类型 struct student 在形式上有些复杂，可以使用 typedef 关键字给它起一个别名 student，格式如下：

```
typedef struct student student;
```

这样以后就可以用 student 代替 struct student 来直接定义学生结构体类型变量，使程序更简洁、可读性更好。分别使用 student 和 struct student 定义一个变量 p：

```
student *p;
struct student *p;
```

上面两条语句作用等价，都是定义了一个结构体类型的指针变量 p，p 可以存储结构体类型变量的地址。编写下面的程序，体会 typedef 关键字的应用：

```
#include<stdio.h>
#include<stdlib.h>
#include<string.h>
struct student
{
    char stuno[13];
    char stuname[8];
    char stusex[3];
    int stuage;
    int stuscore;
};
typedef struct student student;          //给 struct student 定义别名 student
void main()
{
//stu1 定义同时初始化赋值
    struct student stu1 = {"160508010213","李金爽","男",20,96};
    student *p;                          //定义结构体类型指针变量 p
    p = &stu1;                           //p 存储结构体类型变量地址&stu1
    printf("学号\t\t 姓名\t 性别\t 年龄\t 成绩\n\n");
    printf(" %s     %s\t %s\t %d\t %d\n",(*p).stuno,(*p).stuname,(*p).stusex,(*p).stuage,(*p).stuscore);

}
```

第二节　结构体数组

定义一个 student 类型的变量只能存储一名学生的信息，如果想存储表 7-1 中所有学生的信息，需要一次定义多个 student 类型的变量。一次定义多个 student 类型的变量，可以通过定义 student 类型的数组来实现。student 类型数组中的每个元素都是 student 类型的变量，每个元素中存储一名学生的信息。

一、结构体数组的定义

表 7-1 中有 7 名学生的信息，定义数组长度最少是 7。定义数组之前仍然需要先定义结构体类型 student，假设程序开始已经定义过 student 结构体类型，student 结构体类型的数组定义格式如下：

```
student stu[7];          //定义 student 类型的数组 stu 长度 7
```

上面使用 student 结构体类型定义的数组，数组名是 stu，长度为 7，下标从 0 开始，最大下标为 6。第一个元素表示为 stu[0],第二个元素表示为 stu[1]，……，最后一个元素表示为 stu[6]。定义结构体类型数组的步骤如下：

（1）使用 struct 定义结构体类型,如 struct student。

```
struct student
{
    char stuno[13];
    char stuname[8];
    char stusex[3];
    int stuage;
    int stuscore;
};
```

（2）使用 typedef 给已定义结构体类型起一个有意义、简洁的别名 student。

```
typedef struct student student;
```

（3）使用结构体类型定义数组，格式为“结构体类型 数组名[长度];”。

```
student stu[7];
```

二、结构体数组赋值

（1）在定义结构体类型数组的同时，对结构体类型数组赋值，也称为对结构体数组进行初始化。对数组中的每个元素分别进行赋值，用大括号括起来每个元素的值，每个元素中每个属性的值也用大括号括起来，每个元素值之间用逗号隔开，下面是对数组中 7 个元素赋值的语句，此时长度 7 可以省略，数组长度可以根据赋值的元素个数确定。

```
struct student stu[7] = { {"160508010213","李金爽","男",20,96},
{"160506010254","丁文权","男",21,88},{"160508010125","杨鑫鑫","女",20, 82},
{"160508010129","王博卿","女",19}, {"160508010236","陈帅军","男",20,100},
{"160508010305","刘斌斌","女",21, 88},{"160508010115","李锦燕","女",21, 90}};
```

（2）在定义结构体类型数组以后，再对数组中每个元素赋值，如果是结构体类型元素整体赋值，只能通过结构体变量之间相互赋值实现，例如“stu[2] = stu[1];”语句的作用是把 stu[1]中的学生信息整体赋予元素 stu[2]。不能单独使用“stu[3] = {"160508010115","李锦燕","女",21, 90};”，只能通过对元素的每个属性单独赋值来实现，赋值语句如下：

```
strcpy(stu[3].stuno,"160508010115");
    strcpy(stu[3].stuname,"李锦燕");
    strcpy(stu[3].stusex,"女");
    stu[3].stuage = 21;
    stu[3].stuscore= 90;
```

还可以通过键盘输入给数组中每个元素的属性赋值，如果数组中每个元素值都通过键盘输入，可以使用循环语句进行赋值，7 个元素循环执行赋值语句 7 次。赋值语句代码如下：

```
for(i = 0;i < 7;i ++)
{
```

```
        scanf("%s",stu[i].stuno);
        scanf("%s",stu[i].stuname);
        scanf("%s",stu[i].stusex);
        scanf("%s",&stu[i].stuage);
        scanf("%s",&stu[i].stuscore);
    }
```

【例 7-1】 编写程序，在屏幕上显示表 7-1 中所有学生的信息。

问题分析：表 7-1 中有 7 名学生的信息，首先对学生进行抽象，定义表示学生的结构体类型，然后定义能存储 7 名学生信息的结构体数组，接着通过循环语句对数组中的 7 个元素进行赋值，最后循环输出 7 名学生的信息。程序代码如下：

```
#include<stdio.h>
#include<stdlib.h>
#include<string.h>
struct student
{
    char stuno[13];
    char stuname[8];
    char stusex[3];
    int stuage;
    int stuscore;
};
typedef struct student student;    //给 struct student 结构体类型起一个简单别名 student
void main()
{
    int i;
    student stu[7];
    for(i=0;i<7;i ++) //循环通过键盘输入对数组剩下的所有元素赋值
    {
        scanf("%s",stu[i].stuno);
        scanf("%s",stu[i].stuname);
        scanf("%s",stu[i].stusex);
        scanf("%d",&stu[i].stuage);
        scanf("%d",&stu[i].stuscore);
    }
    printf("学号\t\t 姓名\t 性别\t 年龄\t 成绩\n\n");
    for(i=0;i<7;i++)
{
printf(" %s    %s\t %s\t %d\t %d\n",stu[i].stuno,stu[i].stuname,stu[i].stusex,stu[i].stuage,stu[i].stuscore);
}
}
```

【例 7-2】 模拟洗牌和发牌过程。一副扑克有 52 张牌，分为 4 种花色（Suit）：黑桃（Spades）、红桃（Hearts）、草花（Clubs）、方块（Diamonds）。每种花色又有 13 张牌面（Face）：A，2,3,4,5,6,7,8,9,10，Jack，Queen,King。编程完成洗牌与发牌过程。

问题分析：显然每张牌由两个元素组成：花色、牌面。为了表示一张牌，可以设计如下结构体类型表示一张牌的花色和牌面，花色和牌面分别用字符数组来表示。

```
typedef struct card
{
    char suit[10];      //花色
    char face[10];      //牌面
}card;                  //定义结构体类型 struct card，同时给它起了别名 card
```

完成发牌的过程就是将 52 张牌按照随机顺序存放。

首先，需要设计一个由 52 个元素组成的整型数组 result，此数组用来存放发牌结果，result[0]代表发的第 1 张牌，result[1]代表发的第 2 张牌，……，result[51]代表发的最后一张牌。

其次，用上面声明的 card 结构体类型定义一个有 52 个元素的结构体类型数组 cards，按花色与牌面的顺序存放 52 张牌，即

card cards[52] = {{"Spades","A"},{"Spades","2"},⋯,{ "Diamonds","K"}}; //真正编写程序中不能出现省略号，省略号需要补充完整。

然后，用函数 rand()随机生成一个 0～51 的随机数（假设为 3）存于 result[0]中，则 result[0]代表第 1 张要发的牌是 card[3]，card[3]中存储的是黑桃 4，即第 1 张发的牌是黑桃 4。依此类推，再发第 2 张牌，直到发完 52 张牌。

将上述过程用算法描述如下：

Step1：定义两个有 52 个元素的一维结构体类型数组。

```
int result[52];         //存放洗牌结果
card cards[52];         //顺序存放 52 张扑克牌
```

step2：产生 0～51 的随机数 m，将其放于 result[i]。

Step3：判断 result[i]以前(result[0]～result[i-1])是否出现过。若出现过，则转 Step2；若没有出现过，则 i=i+1。

Step4：判断 i 是否大于等于 52。如果 i>= 52，则转 Step5；否则，转 Step2。

Sstep5：输出洗牌结果。

程序代码如下：

```
#include<stdio.h>
#include<string.h>
#include<time.h>
#include<stdlib.h>
typedef struct card
{
    char suit[10];
    char face[10];
}card;
void main()
```

```
    {
        int i,j;
        int result[52];
        card cards[52];
        char *Suit[4] = {"Spades","Hearts","Clubs","Diamonds"};
    //定义指针数组，数组元素为指针类型
    char *Face[13] = {"A","2","3","4","5","6","7","8","9",
    "10","Jack","Queen","King"};
        for(i=0;i<52;i++)  //按顺序把 52 张牌存储到数组 cards 中
        {
            strcpy(cards[i].suit,Suit[i/13]);
            strcpy(cards[i].face,Face[i%13]);
        }
        i=0;
        srand(time(NULL)); //产生随机数种子，使产生的随机数根据时间种子发生变化
        while(i<52)
        {
            result[i]=rand()%52;
            j=0;
            while(j<i)
            {
                if(result[i]==result[j])
                    break;
                j++;
            }
            if(i==j)
                i++;
        }
        i=0;
        while(i<52)
        {
            printf("%s%s",cards[result[i]].suit,cards[result[i]].face);
            i++;
            if(i%5==0)printf("\n");
        }
    }
```

该方法虽然能实现题目要求，但存在缺陷，因为随着随机数数量的增加，新的随机数与已经产生的随机数相同的可能性越来越大。假设已产生了 51 个随机数，当产生第 52 个随机数时，0 到 51 之间只能有一个数没有产生，该数产生的概率非常低，因而有可能出现算法延迟问题。

回忆生活中玩扑克牌时洗牌的过程，多次交换上下牌来洗牌，洗牌的目的是打乱原来牌的顺序。思路来源于生活，顺序把 52 张牌与随机生成的牌号交换，即从 i 等于 0 开始，每次随机生成一个 0～51 的随机数 j，然后将数组中元素 cards[i]与 card[j]进行交换，直到 i 等于 51 时，所有牌都交换过一遍，也就算洗好了牌。算法描述如下：

Step1：定义牌的结构体类型 card。

Step2：定义存储 52 张牌信息的数组 cards[52]。

Step3：定义两个字符类型指针数组，分别存储花色和牌面。

```
char *Suit[]={"Spades","Hearts","Clubs","Diamonds"};
char *Face[] = {"A","2","3","4","5","6","7","8","9","10","Jack","Queen","King"};
```

Step4：对 cards[52]数组中的每个元素赋值。

Step5：当 i 为 0～51，循环生成随机数 j，并把 cards[j]与 cards[i]进行交换。

Step6：输出洗牌结果。

程序代码如下：

```
#include<stdio.h>
#include<stdlib.h>
#include<string.h>
#include<time.h>
typedef struct card
{
    char suit[10];
    char face[10];
}card;  //定义结构体类型 struct card，并给它起一个别名 card
void main()
{
    card cards[52],temp;
    char *Suit[] = {"Spades","Hearts","Clubs","Diamonds"};//定义字符类型指针数组
    char *Face[] = {"A","2","3","4","5","6","7","8","9","10","Jack","Queen","King"};
    int i,j;
    for(i=0;i<52;i++)
    {
        strcpy(cards[i].suit,Suit[i / 13]);//13 的 0 倍赋值 Spades，13 的 1 倍赋值 Hearts
        strcpy(cards[i].face,Face[i % 13]);
    }
    srand(time(NULL));
    for(i=0;i<52;i++)
    {
        j=rand()%52;
        temp=cards[i];
        cards[i]=cards[j];
        cards[j]=temp;
```

```
        }
        for(i=0;i<52;i++)
        {
            //10 表示输出字符串时不够前面补空格，-5 表示后面补空格
            printf("%10s%-5s",cards[i].suit,cards[i].face);
            if((i+1)%5==0)
                printf("\n");
        }
    }
```

第三节 结构体指针

结构体类型指针变量可以间接访问结构体变量和结构体数组。结构体指针变量的定义格式如下：

结构体类型 *变量名称; //*说明该变量是指针变量，可以存储结构体类型变量地址

例如，定义结构体类型 student 的指针变量，用来存储 student 类型变量 stu 的地址，程序语句如下：

```
student stu  = {"160508010213","李金爽","男",20,96};
student *p;   //p 是 student 类型的指针变量，p 可以存储 student 类型变量地址
p = &stu;     //p 存储 stu 的地址，p 就指向 stu 变量，可以间接访问 stu 中的属性
```

利用结构体指针变量访问所指结构体变量的格式有两种方式：

（1）(*指针变量).属性名;

例如 p 访问 stu 中 stuname 的语句“(*p).stuname;”，因为*p 相当于 stu，所以(*p).stuname 等价于 stu.stuname。

（2）指针变量->属性名;

例如 p 访问 stu 中 stuname 的语句“p->stuname;”，其中“->”是一个运算符，和“.”优先级相同，具有最高的优先级，用于结构体属性的引用。

【例 7-3】 利用指向结构体数组的指针计算学生各科的平均成绩。

问题分析：首先抽象学生类型，学生可以抽象为由学号、姓名、出生日期（年、月、日）和各科成绩（数据结构、英语、数学、体育）等属性组成的实体，然后定义结构体类型 student。随后使用结构体类型 student 定义存储若干名学生信息的数组。最后定义存储数组元素地址的指针变量。程序代码如下：

```
#include<stdio.h>
#include<time.h>
typedef struct birthday
{
    int year;
    int month;
    int date;
}birthday;
```

```
typedef struct student
{
    char no[13];
    char name[8];
    char sex[4];
    birthday birdate;        //结构体类型的属性 birdate 存储具体生日
    int score[4];
    int avg;
}student;
void main()
{
    student stu[7] = {{"160508010213","李金爽","男",{1996,6,16},{96,80,93,85}},
                     {"160506010254","丁文权","男",{1996,7,21},{88,83,85,80}},
                     {"160508010125","杨鑫鑫","女",{1995,8,10},{82,84,78,86}},
                     {"160508010129","王博卿","女",{1997,2,21},{90,81,94,76}},
                     {"160508010236","陈帅军","男",{1996,9,15},{100,91,92,83}},
                     {"160508010305","刘斌斌","女",{1995,12,21},{85,83,85,80}},
                     {"160508010115","李锦燕","女",{1996,7,21},{92,87,86,79}}};
    student *p=stu;          //p 存储数组 stu 的首地址，即第一个元素的地址
    int i,j,sum;
    for(i=0;i<7;i++)
    {
        sum=0;
        for(j=0;j<4;j++)
        {
            sum = sum + p->score[j];
        }
        p->avg = sum / 4;
        p ++;                //p 指针变量指向数组的下一个元素
    }
    time_t t;                //time_t 是 long int 类型的一个别名，这样表示可读性强
    t=time(NULL);            //获取从 1970 年 1 月 1 日到现在的时间秒数
    struct tm *day;          //struct tm 包含有年、月、日、时、分和秒属性的结构体数据类型
    day=localtime(&t);       //把秒数 t 转换成 tm 类型的时间地址存储到 day 变量中
    printf("学号\t\t 姓名\t 性别\t 年龄\t 平均成绩\n\n");
    for(i=0;i<7;i++)
    {
        printf(" %s      %s\t %s\t %d\t    %d\n",stu[i].no,stu[i].name,stu[i].sex,
               1900 + day->tm_year - stu[i].birdate.year,stu[i].avg);
//day->tm_year 加上 1900 才能表示当前的年份
```

```
        }
    }
```

第四节　结构体参数

结构体类型变量作为函数参数，是一种比较复杂的参数形式，要掌握结构体参数的使用方法必须先理解函数参数的运行机制。函数的参数传递涉及形参和实参。形参是设计函数时提供的一种局部变量，在函数调用时自动生成，调用结束时自动释放；实参是主程序调用函数时提供给函数处理的原始数据值，可以是常数、变量或表达式，而且必须与对应位置的形参类型相同。调用函数时主程序先将实参值计算出来再赋值给形参变量，然后执行函数的代码。值传递和地址传递这两种参数传递方式都是这样的过程，只是函数使用形参的方法不同，值传递方式函数直接使用形参变量，地址传递方式函数间接使用形参变量，即通过主程序提供的地址实参找到所指向的内存单元来访问。例如，int 型实参传递给形参的表达式计算得到 int 型值，函数直接使用该形参变量，不会使用函数之外的内存空间；数组实参使用了数组名，数组名代表数组第一个元素的地址，作为实参传递给函数中的形参变量，函数间接使用形参变量找到数组空间并访问，由于该空间是主程序中提供的，修改该内存空间可能会影响主程序的运行状态，这称为函数调用的副作用。

结构参数没有常量，实参和形参都是变量，函数调用时自动生成形参变量，再将实参变量赋值给形参变量，函数体执行时直接使用形参变量中的值，不会影响实参变量的值，由此可以认为这种参数传递方式属于值传递方式。但是，结构体数据的赋值操作是所有成员变量的赋值，而成员变量的类型是不同的，赋值和使用方法各不相同。数组类型的成员变量会将数组的所有元素赋值给形参变量中对应的数组成员变量，不会只传递一个数组成员变量的首地址，因此没有副作用；指针类型的成员变量指向的内存空间是主程序的，只要间接访问该空间就可能出现副作用。可见结构体参数的传递方式比较复杂，不能简单归类到值传递方式，要根据具体使用情况具体分析参数的传递。不考虑细节时，结构体变量作为函数参数的用法与普通变量类似，都需要保证调用函数的实参类型和被调用函数的形参类型相同。结构体类型变量作形参不能改变实参的值，结构体类型的指针变量作形参可以改变实参的值。

【例 7-4】 编写两个交换学生信息的函数，并验证这两个函数是否能成功交换两个学生的信息。

设计思路：定义两个交换函数，一个交换函数的形参用结构体类型变量，一个交换函数的形参用结构体类型指针变量。主函数中定义 4 个变量 stu1,stu2,stu3,stu4，调用第一个函数交换 stu1 和 stu2 的值，此时传递 stu1 和 stu2 给函数的两个形参；调用第二个函数交换 stu3 和 stu4 的值，此时传递&stu3 和&stu4 给函数的两个形参；最后输出四个变量存储的学生信息。程序代码如下：

```
#include<stdio.h>
typedef struct birthday
{
        int year;
        int month;
        int date;
```

```
}birthday;
typedef struct student
{
    char no[13];
    char name[8];
    char sex[4];
    birthday birdate;     //结构体类型的属性 birdate 存储具体生日
    int score[4];
    int avg;
}student;
void swap1(student stu1,student stu2)
{
    student temp;
    temp = stu1;
    stu1 = stu2;
    stu2 = temp;
}
void swap2(student *stu1,student *stu2)
{
    student temp;
    temp = *stu1;
    *stu1 = *stu2;
    *stu2 = temp;
}
void main()
{
    student stu1 = {"160508010213","李金爽","男",{1996,6,16},{96,80,93,85}};
    student stu2 = {"160508010236","陈帅军","男",{1996,9,15},{100,91,92,83}};
    student stu3 = {"160506010254","丁文权","男",{1996,7,21},{88,83,85,80}};
    student stu4 = {"160508010125","杨鑫鑫","女",{1995,8,10},{82,84,78,86}};
    swap1(stu1,stu2);
    swap2(&stu3,&stu4);
    printf("学号\t\t 姓名\t 性别\t 出生日期\t 数据结构 英语\t 数学\t 体育\n\n");

printf(" %s    %s\t %s\t %d-%d-%d\t    %d\t    %d\t%d\t%d\n",stu1.no,stu1.name,
stu1.sex,stu1.birdate.year,stu1.birdate.month,stu1.birdate.date,
stu1.score[0],stu1.score[1],stu1.score[2],stu1.score[3]);
printf(" %s    %s\t %s\t %d-%d-%d\t    %d\t    %d\t%d\t%d\n",stu1.no,stu2.name,
stu2.sex,stu2.birdate.year,stu2.birdate.month,stu2.birdate.date,
stu2.score[0],stu2.score[1],stu2.score[2],stu2.score[3]);
```

```
printf(" %s     %s\t %s\t %d-%d-%d\t    %d\t    %d\t%d\t%d\n",stu3.no,stu3.name,
stu3.sex,stu3.birdate.year,stu3.birdate.month,stu3.birdate.date,
        stu3.score[0],stu3.score[1],stu3.score[2],stu3.score[3]);
printf(" %s     %s\t %s\t %d-%d-%d\t    %d\t    %d\t%d\t%d\n",stu4.no,stu4.name,
stu4.sex,stu4.birdate.year,stu1.birdate.month,stu1.birdate.date,
stu4.score[0],stu4.score[1],stu4.score[2],stu4.score[3]);
}
```

本章小结

本章介绍了自定义结构体类型，理解自定义结构体类型是对现实世界中事物的抽象，结构体类型由若干已有数据类型的属性组成，一旦定义了结构体数据类型，此类型的作用就和int、float等基本数据类型一样。

本章重点介绍了结构体类型的应用，即使用结构体类型声明变量、声明数组和声明指针变量，应掌握结构体类型的应用步骤。初学者应注意区分结构体类型和结构体变量的不同，多动手编写代码来体会。

掌握结构体变量中属性的引用方法（结构体变量.属性）。如果通过结构体指针变量间接访问变量属性，常用方法为：指针变量->属性。结构体变量常常采用单独给各个属性赋值的方法，有时会采用结构体变量之间的整体赋值方法，偶尔采用初始化整体赋值方法。

练习题

一、选择题

1．已知学生记录可描述为

```
struct student
{
int no;
char name [20];
char sex;
struct
{
int year;
int month;
int day;
}birth;
}s;
```

设变量 s 中的“生日”是 1984 年 11 月 11 日，下列对“生日”的正确赋值方式是（　　）。

A．year=1984; month=11; day=11

B．birth.year=1984; birth.month=11; birth.day=11i

C．s.year=1984; s.month=11; s.day=11;

D．s.birth.year=1984;s.birth.month=11; s.birth.day=11

2．已知有如下结构体定义，且有 p=&data，则对 data 中的成员 a 的正确引用是（　　）。

```
struct sk
{
int a;
float b;
}data,*p;
```

A．(*p).data　　B．(*p).a　　C．p->data. a　　D．p.data.a

3．下面语句中引用形式非法的是（　　）。

```
struct student
{
int num;
int age;
}stu[3]={{1001,20},{1002,19},{1003,21}};
struct student *p=stu;
```

A．(p ++).data　　B．p++　　C．(*p).num　　D．p=&stu[2]

4．在访问一个结构体元素前，必须（　　）。

A．定义结构体类型　　B．定义结构体变量

C．定义结构体指针　　D．A 和 B

5．给出语句“xxx.yyy.zzz=5;”，下面的说法中正确的是（　　）。

A．结构 zzz 嵌套在结构 yyy 中　　B．结构 yyy 嵌套在结构 xxx 中

C．结构 xxx 嵌套在结构 yyy 中　　D．结构 xxx 嵌套在结构 zzz 中

6．如果 temp 是结构变量 weather 的属性，而且已经执行了语句“addweath = &weather;”，那么下面哪一条语句正确引用了 temp 属性？（　　）。

A．weather->temp　　B．(*weather).temp

C．addweath.temp　　D．addweath->temp

7．struct ex

```
{
int x;
float y;
char z;
}example;
```

下面的叙述中不正确的是（　　）。

A．struct 是结构体类型的关键字

B．example 是结构体类型名

C．x，y，z 都是结构体属性变量

D．struct ex 是结构体类型名

二、编程题

1．定义一个日期结构类型（包括年、月、日），编写一个函数，以该日期为参数，返回值为该日期是本年中的第几天。

2．建立复数结构体类型，并编程计算两复数变量的和与乘积。

3．编程完成图书馆借还书管理，记录信息包括 3 个成员：书名、借书人名、借书日期。要求：

（1）能管理借/还书登记工作（可根据借书人名判断书籍是否借出）；

（2）能显示所有已借书的情况。

4．某班有 20 个学生，每名学生的数据包括学号、姓名、3 门课的成绩，从键盘输入 20 名学生的数据，要求打印出 3 门课的总平均成绩以及最高分的学生的数据（包括学号、姓名、3 门课的成绩、平均成绩）。

第八章 文件

学习目标

（1）了解文件的概念和用途；

（2）掌握文件类型指针变量定义方法；

（3）掌握打开和关闭文件的方法；

（4）掌握文件的定位、读和写等函数的调用方法。

前面编写的学生管理系统，执行程序时输入很多学生信息，关闭程序后，下次执行程序时又要重新输入数据，此时数据只是存储在内存中，不能长期保存。人们希望通过执行程序输入的数据能长期保存下来，这就要求数据不只保存到内存中，还要保存到外存上，如何保存呢？可以用文件形式把数据存储在磁盘上。

第一节 文件概述

一、文件的概念

文件是一组存储在外部介质上的相关数据的有序集合体。例如，程序文件是程序代码的集合体，数据文件是数据的集合体。计算机的外存可以存储许多文件，每个文件都有一个与之对应的文件名，操作系统是以文件为单位对数据进行管理的，每个文件都通过唯一的“文件标识”来定位，即文件路径和文件名，例如“d:\c\studentinfo.c”，当需要使用文件的时候，即将文件调入内存中。前面的程序都是通过键盘输入数据，如果想使用存储在外存上的数据，必须先按文件名查找到所指定的文件，然后才从该文件中读取数据；前面的程序都是将结果显示到屏幕上，如果想在外存上保存数据，必须事先创建一个文件，然后才能向该文件输出数据，进而达到保存数据的目的。其实键盘和屏幕也可以看成文件，只是和人们通常认为的文件稍有不同。

二、文件的分类

（1）从用户使用的角度看，文件可分为普通文件和设备文件两种。

普通文件是指存储在外存上的字符序列（或者字节序列）的集合体，可以是源文件、目标文件、可执行文件或程序使用的数据文件，本章主要介绍程序执行时使用的输入/输出数据文件。

设备文件是指与主机相连的各种外部设别，如显示器、打印机和键盘等。在操作系统中，把外部设备也看成一个文件来进行管理，围绕它们进行的输入/输出操作，等同于对磁盘文件的读/写。当把键盘看作设备文件时，从键盘输入的数据可以看作从设备文件读入数据存储到内存单元中；当把打印机看作设备文件时，打印程序执行结果，其实就是把执行结果输出到打印机设备文件中；当把屏幕看作设备文件时，执行程序结果显示在屏幕上，其实就是把执行结果输出到屏幕设备文件中。C 语言标准头文件“stdio.h”定义了 5 种设备文件指针，见表 8-1。

表 8-1　设备文件指针

设备文件指针	设备名	设备文件指针	设备名
stdin	标准输入设备（输入设备）	stdaux	标准辅助设备（COM 串口）
stdout	标准输出设备（显示器）	stdprn	标准打印机（打印机）
stderr	标准出错输出设备（显示器）	—	—

（2）从文件编码的格式来看，文件可分为文本文件和二进制文件两种。

文本文件是指以 ASCII 码字符形式存储的文件，也称为 ASCII 文件。在文本文件中，存储一个字符需要一个字节，虽然处理字符比较方便，但文本文件一般要占用较大的存储空间。例如，C 语言的源程序文件和“记事本”创建的文件（扩展名为“.txt”）都是文本文件，而 Word 文档（扩展名为“.doc”）则不是文本文件，而是二进制文件。

二进制文件是指以二进制的形式存储的文件。在二进制文件中，一个字节并不直接对应着一个字符，结构紧凑有利于节省磁盘空间，但它需要转换后才能以字符的形式输出。例如，C 语言中的目标文件（扩展名为“.obj”）和可执行文件（扩展名为“.exe”）都是二进制文件。

例如，int 型数据 2500，由 4 个字符 2、5、0、0 组成，采用 ASCII 文件来存储时需要 4 个字节，各个字符存储时都用对应的 ASCII 值表示；采用二进制文件存储，一个整型数据占 2 个字节。存储结构如图 8-1 所示。

00001001	11000100

2500的二进制形式

00110010	00110101	00110000	00110000

2500的文本文件形式

图 8-1　整数 2500 的两种存储格式

事实上，C 语言系统在处理这些文件时一般并不区分类型，都将其看成字符流，按字节进行处理。输入/输出字符流的开始和结束只由程序控制，而不受物理符号（如回车符）的控制。因此也把文件称为“流文件”。只是文本文件可以使用编辑创建、显示和修改，但一般不用编辑软件来创建、显示和修改二进制文件，二进制文件常常用于暂存程序的中间结果，供另一程序读取。

三、文件缓冲区

文件缓冲区是内存的一部分，主要用于解决读/写文件时数据的暂存。从文件缓冲区读/写数据比直接从外存读/写数据速度快，文件缓冲区可以减少与外存打交道的次数，处理效率也随之提高。

利用文件缓冲区在内存与外存之间进行文件读/写的过程是：在读文件时，首先把保存在外存中某个磁盘上文件中的一块数据，一次性地读取到输入数据缓冲区中暂存，然后再从该缓冲区中取出程序所需要的数据，分别送入程序数据区中的指定变量或数组元素。写文件时，也就是要把变量或数组的值输出到文件中去，这个过程实际上是先把数据从内存的程序数据区中读出来，然后暂存到输出数据缓冲区中，等到该缓冲区存满数据之后，再将缓冲区中的数据整块地传送到外存上的磁盘文件中去，如图 8-2 所示。

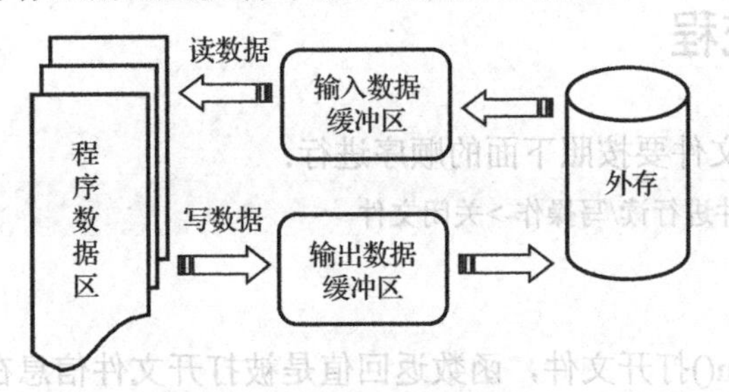

图 8-2　利用文件缓冲区进行数据读/写的过程

第二节　文件类型指针

一、文件类型指针

程序是使用文件类型指针来操作相应的文件。文件类型是对文件的抽象，包含若干属性的结构体类型，该类型在标准头文件“stdio.h”中被声明。声明的结构体文件类型名为 FILE，包含文件名、文件状态、数据缓冲区的位置和缓冲区的大小等属性信息。定义格式如下：

```
typedef struct
{
    short level;                    //缓冲区“满”或“空”的程度
    unsigned flags;                 //文件状态标志
    char fd;                        //文件扫描符
    unsigned char hold;             //如无缓冲区则不读取字符
```

```
    short bsize;                //缓冲区的大小
    unsigned char *buffer;      //数据缓冲区的位置
    unsigned char *curp;        //当前活动的指针
    unsigned istemp;            //临时文件指示器
    short token;                //用于有效性检查
}FILE;
```

程序要操作文件，首先要打开文件，文件相关信息就调入内存，这块内存地址用 FILE 文件类型的指针变量来存储，然后使用这个 FILE 文件类型的指针变量来操作文件。FILE 文件类型的指针变量定义格式如下：

```
FILE *文件指针变量名;
```

例如，程序要操作一个文件，就要定义一个文件类型的指针变量，定义语句为：

```
FILE *fp;                 //fp 可以存储被打开文件的内存地址
```

如果想操作 3 个文件，就可以定义 3 个文件类型的指针变量，定义语句为：

```
FILE *fp1,*fp2,*fp3;
```

下面描述如何使用定义的指针变量存储被打开文件的内存地址。

二、文件的操作流程

使用指针变量操作文件要按照下面的顺序进行：

```
打开文件->对文件进行读/写操作->关闭文件
```

（一）打开文件

程序调用函数 fopen()打开文件，函数返回值是被打开文件信息在内存的存储地址，用文件类型指针变量来存储。打开文件语句如下：

```
文件指针变量=fopen("目录\\文件名","文件处理方式");
```

例如，在程序中打开“d:\c\cbook\jk16.txt”文件进行读写操作，实现语句如下：

```
FILE *fp;    //定义文件类型的指针变量 fp
fp = fopen("d:\\c\\cbook\\jk16.txt","r+");
/*d:\\c\\cbook\\是文件 jk16.txt 所在的目录 ，r+是读写方式打开，
fp 指向了 jk16.txt*/
```

下面重点描述打开文件函数 fopen()的相关内容：

函数原型：FILE *fopen(char *pname,char *mode)

函数功能：按指定 mode 方式打开由 pname 指向的文件。

参数说明：pname 为指向文件名字符串的指针变量，它指向被打开的文件；mode 指定文件的处理方式（具体读/写方式见表 8-2。

返回值：如果文件能正常打开，则返回被打开文件的内存地址；若打开文件失败，则函数返回 NULL 值（即空地址）。空地址（NULL）在标准头文件“stdio.h”中被定义为一个宏，代表的值是 0，NULL 宏定义：#define NULL 0。

表 8-2 文件打开处理方式

mode	处理方式	指定文件不存在	指定文件存在	功能
r	只读	出错	正常打开	为输入打开一个文本文件
w	只写	建立新文件	创建新文件	为输出创建一个文本文件
a	追加	出错	在文件原有内容后追加	向文本文件的尾部追加数据
rb	只读	出错	正常打开	为输入打开一个二进制文件
wb	只写	建立新文件	创建新文件	为输出创建一个二进制文件
ab	追加	出错	在文件原内容后追加	向二进制文件尾部追加数据
r+	读/写	出错	正常打开	为读/写打开一个文本文件
w+	读/写	建立新文件	创建新文件	为读/写创建一个新文本文件
a+	读/写	建立新文件	在文件原有内容后追加	为读/写打开一个文本文件
rb+	读/写	出错	正常打开	为读/写打开一个二进制文件
wb+	读/写	建立新文件	创建新文件	为读/写创建一个二进制文件
ab+	读/写	建立新文件	在文件原有内容后追加	为读/写打开一个二进制文件

注意：以“r”与“r+”打开文件必须保证文件存在，否则会报错。若文件不存在，又要以“r”与“r+”方式打开文件，则打开函数返回值为 NULL。为了防止出现错误，在程序编写中，添加文件不存在时，重新以读/写方式打开文件的语句如下：

```
if(fp == NULL)
{
    printf("文件不存在，创建新文件：\n");
    fp = fopen("文件","w+");
}
```

确认要重新创建文件时，才使用“w”和“w+”方式打开，否则会覆盖原来的文件，原文件内容丢失。“r+”要与“w+”配合使用。

在程序开始运行时，系统自动打开 3 个标准文件：标准输入、标准输出和标准出错输出。系统自动定义了 3 个文件指针 stdin、stdout 和 stderr，分别指向终端输入、终端输出和标准出错输出（也从终端输出）。如果程序中指定从 stdin 所指的文件输入数据，就是指从终端键盘输入数据。

在对文件进行操作时，必须遵守打开方式的约定，否则会出错。例如以“r”方式打开，却要向文件中写入数据，会导致出错。另外要保护原有文件，如果原有数据需要保留，就不能用“w”或“w+”方式打开，否则将丢失原有的数据。打开文件的演示程序如下：

```
#include<stdio.h>
#include<stdlib.h>
void main()
{
    FILE *fp;    //定义文件类型的指针变量 fp
    /*d:\\c\\cbook\\是文件 jk16.txt 所在的目录，r+是读写方式打开*/
    fp = fopen("d:\\c\\cbook\\jk18.txt","r+");
```

```
            if(fp == NULL)
            {
                printf("文件打开错误\n");
                exit(0);                        //退出程序
            }
        }
```

（二）关闭文件

在使用完文件后应该及时关闭它，以防文件被误用。"关闭"就是释放文件指针。释放后的文件指针变量不再指向该文件，为自由的文件指针。关闭文件函数如下：

函数原型：int fclose(FILE *fp)

函数功能：关闭 fp 所指向的文件。打开文件时系统为打开的文件分配一个文件结构变量，当文件被关闭时，该变量将被释放。

参数说明：fp 为文件类型指针变量。

返回值：若文件能正常关闭，则返回值为 0；当发生错误关闭时，返回值为-1，可用函数 ferror()来测试。

当对文件的读/写操作结束之后，必须用 fclose()函数关闭文件。如果打开文件时采取的是"追加方式"或"写"方式，此时系统会先把文件缓冲区中剩余的数据全部输出到文件中，然后再使文件与应用程序脱离联系。文件如果没有正常关闭，暂存在文件缓冲区中的剩余数据将会丢失。关闭文件语句为"fclose(文件指针);"。关闭文件的演示程序如下：

```
    #include<stdio.h>
    #include<stdlib.h>
    void main()
    {
        FILE *fp;    //定义文件类型的指针变量 fp
        /*d:\\c\\cbook\\是文件 jk16.txt 所在的目录 r+是读写方式打开*/
        fp = fopen("d:\\c\\cbook\\jk18.txt","r+");
        if(fp==NULL)
        {
            printf("文件打开错误\n");
            exit(0);                        //退出程序
        }
        printf("关闭文件代码：%d\n",fclose(fp));
    }
```

（三）读/写文件

在屏幕上输出字符变量 ch 的值，可以使用"putchar(ch);"，屏幕可以看成输出设备文件，文件指针 fp=stdout，输出到屏幕，实质上是输出到 stdout 指向的文件中。如何把结果输出到 stdout 指向的文件中呢？可以使用 fputc()函数，输出字符 ch 值语句为

“fputc(ch,stdout);”。

从键盘输入字符给变量 ch 赋值，可以使用“ch = getchar();”，键盘可以看成输入设备文件，文件指针是 stdin，从键盘给 ch 输入字符，实质上是从文件指针 stdin 所指的文件中读取一个字符输入到 c 变量中。如何从 stdin 所指向的文件中读取一个字符存入变量 ch 中呢？可以使用 fgetc()函数，从 stdin 文件中读取一个字符存储在 ch 变量中的语句为“ch = fgetc(stdin);”。键盘输入屏幕输出程序代码如下：

```
#include<stdio.h>
#include<stdlib.h>
void main()
{
    char ch;
    ch=fgetc(stdin);
    fputc(ch,stdout);
}
```

（1）从文件中读取字符的函数 fgetc()。

函数原型：int fgetc(FILE *fp);

函数功能：从 fp 所指定的文件中读取一个字符。

参数说明：fp 是一个文件类型指针变量，它指向已打开的文件。

返回值：如果能正常执行，则返回读取的字符代码；否则，当读到文件末尾遇到文件结束标志时，返回文件结束标志 EOF（即-1）。

从文件 fp 中读取一个字符并存储到 ch 变量中的语句为“ch=fgetc(fp);”。

（2）将字符输出到文件的函数 fputc()。

函数原型：int fputc(char ch,FILE *fp);

函数功能：把字符 ch 的值输出到 fp 中。

参数说明：ch 是字符类型数据，fp 是一个文件类型指针变量，它指向已打开的文件。

返回值：在文件的当前读/写位置写入一个字符，如果字符写入成功，则函数返回该字符的 ASCII 值，否则返回 EOF（即-1）。

把字符变量 ch 的值存入 fp 指向的文件中的语句为“fputc(ch,fp);”。

【例 8-1】 从键盘上输入指定的文本文件名，然后再键入一些字符，要求把这些字符照原样逐个写入到所指定的文本文件中去，直到输入“#”时结束，最后显示文件中的所有内容。

问题分析：定义文件 FILE 指针变量 fp，利用 fopen()函数打开“jk.txt”文件，fp 等于函数返回值，即 fp 指向所打开的文件“jk.txt”。从键盘文件中读取一个字符存入 fp 所指文件中，当输入“#”号时，退出输入。关闭文件，fp 与“jk.txt”脱离联系，再次打开文件时，文件内部的文件指针重新指向文件开始位置。再次以读方式打开文件，从文件读入每个字符，当读入字符“#”时结束字符读入并显示。程序代码如下：

```
#include<stdio.h>
#include<stdlib.h>
void main()
{
```

```
        char ch;
        FILE *fp;
        fp=fopen("jk.txt","r+");
        if(fp==NULL)
        {
            fp = fopen("jk.txt","w+");
        }
        do
        {
            ch=fgetc(stdin);
            fputc(ch,fp);
        }while(ch != '#');
        fclose(fp);
        fp=fopen("jk.txt","r");
        do
        {
            ch=fgetc(fp);
            fputc(ch,stdout);
        }while(ch != '#');
        fclose(fp);
    }
```

第三节　文件内的位置指针

利用“fputc(ch,fp);”语句，把 ch 表示的字符写入到文件 fp 中，该字符写入文件什么位置了呢？答案是写入 fp 指向的文件中的当前位置，当前位置就是文件中的位置指针所指的位置。文件内的位置指针的特点：在使用 fopen()函数打开文件时，如果以读方式或写方式打开相应格式的文件，文件内的位置指针自动指向文件的开始位置（也称文件首）；若以追加的方式打开相应格式的文件，文件中的位置指针指向文件末尾，表示文件结束。位置指针可以随着读/写操作从前到后自动移动，也可以通过函数操作随机移动到指定位置。

一、位置指针自动移动

位置指针可以随着读/写操作从前到后自动移动。下面以字符串的输入/输出函数对文件进行操作，打开文件时，位置指针指向文件开头，从文件头开始输入字符串，输入完毕，位置指针指向文件尾，此时如果想把刚刚输入的字符串读到字符串数组中，需要把位置指针移动到文件头，方法是关闭文件，再次打开文件，位置指针重新指向文件头。

【例 8-2】　从键盘上输入多行字符串，然后把这些字符串全部保存到一个名为“mystring.dat”的文本文件中去，最后再将文件内容显示出来。

问题分析：定义字符数组存储字符串，把字符串内容存入文件中，此时需要学习将字符串输入到文件中的函数的用法，最后从文件中依次读取字符串存储到字符数组中，这时需要学习从文件中读取字符串的函数的用法。

（1）字符串输入函数 fgets()。

函数原型：char *fgets(char *str,int n,FILE *fp)

函数功能：从指定的文件中读取长度为 n-1 的一个字符串存入字符数组 str 中。

参数说明：str 为读取到的字符串的地址，可以是指针，也可以是数组；n 为限定读取的字符个数；fp 为指定读取的文件。

返回值：从文件 fp 的当前位置开始读字符，包括换行符在内最多读出 n-1 个字符，最后将读出的字符序列连同'\0'字符一起，存入字符数组 str 中。函数执行成功时，返回 str 所存的字符串，否则返回 NULL 或文件结束标志 EOF。

用函数 fgets()读取字符串时，当遇到下述条件之一时，读取过程结束：

①已读取 n-1 个字符；

②当前读取到的字符是换行符；

③读到文件末尾。

当使用 fgets()读取字符串结束时，系统会再向 str 所指的存储区送一个字符'\0'，表示读取结束。当读取到换行符时，fgets()也会把换行符送到 str 所指的存储区。从文件中读出一个字符串后，文件内的位置指针将后移到该字符串的下一个字符处。

（2）字符串输出函数 fputs()。

函数原型：int fputs(char *str,FILE *fp)

函数功能：把 str 所指定的字符串写入文件 fp 所指的文件中去，不包括字符串结束标志'\0'。

参数说明：str 为指定输出的字符串，它可以是指针、数组名或字符串，fp 为指定的输出文件。

返回值：正常返回值为所输出的字符串中最后一个字符的 ASCII 值；如果向文件写入字符串不成功，返回值为 EOF。向文件写入字符串后，文件内的位置指针将自动移动到所写入字符串的后面。

在使用函数 fputs()时，由于不会将字符串结束标志'\0'也一样写入文件中去，为区分写入的各个字符串，要求在每写入一个字符串后再写入一个回车符'\n'，语句为 fgetc('\n',fp);。

程序代码如下：

```
    #include<stdio.h>
    #include<stdlib.h>
    void main()
    {
        char str[81];
        FILE *fp;
        fp=fopen("mystring.dat","w+");
        while(gets(str) != NULL)
        {
            fputs(str,fp);                //把 str 字符串输出到文件 fp 中
            fputc('\n',fp);               //每个字符串后添加换行符
```

```
        }
        fclose(fp);
        fp=fopen("mystring.dat","r");   //打开文件时位置指针定位在文件头
        while(fgets(str,81,fp) != NULL) //从 fp 中读出 80 个字符存入 str 中
        {
            puts(str);
        }
        fclose(fp);
}
```

下面再介绍其他文件读/写函数。

（1）格式化输入函数 fscanf()。

所谓文件的格式化输入函数，不仅要读文件中的数据，而且还需要按指定的数据格式读。其用法类似 scanf()函数，只不过前者用于文件操作而已。

函数原型：int fscanf(FILE *fp,"输入格式描述符",输入项地址列表)

函数功能：按照“输入格式描述串”所指定的输入格式，从文件 fp 中读取数据，最后把读到的数据按照输入项地址列表指定的顺序，分别存入各个存储单元中。

参数说明：fp 为指定的输入文件，这里的输入格式字符串与 scanf()中的输入格式描述字符串相同，输入项地址列表为读取的数据指定存储单元的地址，各地址项之间用逗号分隔。

返回值：该函数的返回值为所输入的数据个数，如果遇到文件结束符，返回值为 EOF。当对文件进行 fscanf()操作后，文件内部的位置指针会自动后移。

请注意，函数 fscanf()与 scanf()在功能及使用格式上基本相同，唯一不同的是这两个函数的输入源。scanf()是从标准输入文件（指键盘）输入数据,而 fscan()是从 fp 所指定的文件中读取数据,若把 fscanf()函数中的 fp 替换为 stdin，则两者在功能上完全相同。

（2）格式化输出函数 fprintf()。

函数原型：int fprintf(FiLE,*fp,"输出格式描述字符串",输出项列表)

函数功能：按照指定的输出格式，把输出项表列中的各项数据一起写入文件 fp 中。

参数说明：fp 为指定的输出文件，输出格式描述字符串为指定的输出形式，与 printf()函数的输出格式描述字符串相同。

返回值：正常执行时返回值为输出数据的个数,否则返回 EOF。

请注意，函数 fprintf()与 printf()在功能和使用格式上基本相同，不同之处仅是输出的方向。printf()是向标准输出文件(指显示器)显示数据，而 fprintf()是向 fp 所指定的文件输出数据，若把 printf()函数中的 fp 替换为 stdout，则二者在功能上完全相同。

当对文件进行 fprintf()操作后，文件内部的位置指针将移动到写入的数据之后。

【例 8-3】 假设学生的基本信息包括学号、3 门功课的单科成绩、平均成绩这几部分。现在从键盘上分别输入每个学生的原始记录(具体包括学号、成绩一、成绩二和成绩三,见表 8-3),计算出每个学生的平均成绩，然后按照格式化写文件的要求，把完整的信息保存到一个名为“jk17score. txt”的文本文件中，最后按照格式化要求从文件中读出信息并显示在屏幕上。

表 8-3 学生信息

学号	成绩一	成绩二	成绩三	平均成绩
001	85	86	87	
002	72	73	74	
003	68	69	70	
004	91	92	93	

问题分析：抽象学生类型，用属性（学号、成绩一、成绩二、成绩三和平均成绩）来描述学生，定义学生结构体类型；定义学生类型数组，计算每位学生的平均成绩；然后按照要求的格式把学生信息输入到文件“jk17 score.txt”中；最后按照格式化要求从文件中读出信息并显示在屏幕上。

程序代码如下：

```
#include<stdio.h>
#include<stdlib.h>
typedef struct              //定义学生信息类型
{
    char no[4];             //学号
    int score[3];           //3 门课的成绩
   float ave;               //平均成绩
}student;                   //定义结构体类型 student
void main()
{
    student stu[4];
    FILE *fp;
    int i,j;
    for(i=0;i<2;i++)
    {
        scanf("%s%d%d%d",stu[i].no,&stu[i].score[0],
&stu[i].score[1],&stu[i].score[2]);
        stu[i].ave=0;
        for(j=0;j<3;j++)
            stu[i].ave+=(float)stu[i].score[j];
        stu[i].ave=stu[i].ave/3;
    }
    fp=fopen("jk17score.txt","r+");
    if(fp==NULL)
    {
        printf("文件不存在，创建新文件\n");
        fp=fopen("jk17score.txt","w+");
    }
```

```
        for(i=0;i<2;i++)
        {
            fprintf(fp,"%s %d %d %d %.0f",stu[i].no,stu[i].score[0],
    stu[i].score[1],stu[i].score[2],stu[i].ave);
            fputc('\n',fp);
        }
        fclose(fp);
        fp=fopen("jk17score.txt","r");
        for(i=0;i <2;i++)
        {
            fscanf(fp,"%s%d%d%d%f",stu[i].no,&stu[i].score[0],
                &stu[i].score[1],&stu[i].score[2],&stu[i].ave);
            fprintf(stdout,"%s %d %d %d %.0f\n",stu[i].no,stu[i].score[0],
                stu[i].score[1],stu[i].score[2],stu[i].ave);
        }
        fclose(fp);
    }
```

二、位置指针手动移动

利用位置指针操作函数把指针定位到需要的位置，可以实现快速读/写文件中任何位置的数据，而不用每次都从头到尾按顺序读/写文件。有下列位置指针相关函数：

（1）rewind()函数。

函数原型：void rewind(FILE *fp)

函数功能：控制文件的位置指针重新快速定位到文件的开头。

参数说明：参数 fp 为文件指针。

返回值：该函数没有返回值。

（2）fseek()函数。

函数原型：int fseek(FILE *fp,long offset,int whence)

函数功能：把文件 fp 中的位置指针调整到相对 whence 来说是 offset 的地方。

参数说明：参数 fp 为文件指针，参数 whence 表示位置指针移动时的参照位置，参数 offset 为参考相对位置 whence 要移动的位移量，单位是字节，类型必须是 long 型数据。

返回值：本函数用于移动文件的读/写位置指针，如果移动成功则返回 0，否则返回非 0。

注意：whence 有三种取值，见表 8-4。

表 8-4　函数 fseek()中的参数 whence

whence 取值	宏名	参照物的含义
0	SEEK_SET	文件的开始位置
1	SEEK_CUR	文件的当前读/写位置
2	SEEK_END	文件的末尾

下面介绍几个有关函数 fseek()调用的简单例子：

```
fseek(fp,10L,SEEK_SET);     //将位置指针移动到距离文件首 10 个字节的位置
fseek(fp,20L,1);            //将位置指针移动到距离当前位置 20 个字节的位置
fseek(fp,-50L,2);           //将位置指针向前移动到距离文件尾 50 个字节的位置
```

（3）ftell()函数。

函数原型：long ftell(FILE *fp)

函数功能：获取文件当前的读/写位置，该位置是用相对于文件首的位移量来表示的。

参数说明：fp 为文件指针。

返回值：正常的返回值为位移量，若返回值为-1L，则表示出错。

利用 ftell()函数可以计算文件的存储长度，计算步骤是：首先使用函数 fseek()将位置指针直接移动到文件的末尾（fseek(fp,0L,2);），再使用 ftell()函数获得当前的指针位置（length=ftell(fp);）。

【例 8-4】 假设学生的基本信息包括学号、3 门功课的单科成绩、平均成绩这几部分。现在从键盘上分别输入每个学生的原始记录(具体包括学号、成绩一、成绩二和成绩三,见表 8-3),计算出每个学生的平均成绩，然后把完整的信息保存到一个名为“jk16score. Bin”的二进制文件中，如果想对个别学生的成绩进行更正，要求能够根据从键盘输入的学号来修改文件中原来的成绩。最后在屏幕上显示文件中的内容。

问题分析：定义能表示学生的结构体数据类型，以“rb+”方式打开二进制文件，如果不存在，以“wb+”创建二进制文件，使用二进制文件的写函数 fwrite()把数据写入文件中。程序在编写修改功能时，既要考虑新输入学号有效的情况，即如果输入学号有效，则继续输入正确的 3 门课的原始成绩，然后更新数据文件中对应的数据；另外，也考虑到若新输入学号不存在，在文件尾添加新学生信息。最后使用二进制文件的读函数 fread()从文件中读取数据并在屏幕上显示。下面先介绍二进制文件的读/写函数。

（1）向文件中写数据的函数 fwrite()。

函数原型：int fwrite(const void *buffer,unsigned size,unsigned number,FILE *fp)

函数功能：将保存在内存中的数据（以 buffer 作为起始地址）以二级制的形式写到 fp 所指定的文件中去，每次写入的数据块为 size 个字节，一共执行 number 次写操作。

参数说明：参数 buffer 是输出数据在内存中存放的起始地址；参数 size 为要写入的字节数（即每个数据块的字节数）；参数 number 为执行写操作的次数，即要求写入多少个大小为 size 字节的数据块，参数 fp 用来指定输出文件。

返回值：函数正常调用后返回值为参数 number 的值，如果文件输出结束或出错，则返回值为 0。

例如，把 20 个学生的信息输入到文件中,每次从&stu[i]位置开始，向文件 fp 中写入一个学生大小的数据块，部分程序段代码如下：

```
for(i=0;I<20;i++)
    fwrite(&stu[i],sizeof(student),1,fp);
```

（2）从文件中读取数据的函数 fread()。

函数原型：int fread(void *buffer,unsigned size,unsigned number,FILE *fp)

函数功能：在 fp 指定的文件中以二级制形式读入数据，每次读取大小为 size 个字节的数据块，一共执行 number 次读操作，最后将这些数据保存在以 buffer 为起始地址的内存中。

参数说明：参数 buffer 是输入数据在内存中存放的起始地址；参数 sie 为一次读入的字节数，即每块数据的字节数；参数 number 为执行读操作的次数，即要求读入多少个长度为 size 个字节的数据块；参数 fp 为文件指针。

返回值：函数正常调用后返回值为参数 number 的值，如果遇到文件结束（或发生读错误），返回值为 0。

例如，语句“fread(address,4,5,fp);”表示从 fp 所指定的文件中前后反复读取 5 次数据，每次读取的数据为 4 字节，最后把这些数据全部保存到存储区 address 中。

又如下面的语句：

```
for(i=0;i<30;i++)
fread(&stu[i],sizeof(student),1,fp);
```

它实现的功能是从 fp 所指定的文件中读取 30 个学生的基本信息，每调用一次 fread()，将读取一个学生大小的信息，存入数组 stu 中。

利用上面所介绍的函数编写的程序代码如下：

```
#include<stdio.h>
#include<stdlib.h>
#include<string.h>
#define N 100
typedef struct                  //定义学生信息类型
{
    char no[4];                 //学号
    int score[3];               //3 门课的成绩
    float ave;                  //平均成绩
}student;                       //定义结构体类型 student
void main()
{
    int flag=0;                 //按学号查找学生没有找到
    student stu[N];
    char stuno[4];
    FILE *fp;
    int i,j;
    printf("请输入学生信息\n");
    for(i=0;i<2;i++)
    {
        scanf("%s%d%d%d",stu[i].no,&stu[i].score[0],&stu[i].score[1],
&stu[i].score[2]);
        stu[i].ave=0.0;
        for(j=0;j<3;j++)
            stu[i].ave+=(float)stu[i].score[j];
        stu[i].ave=stu[i].ave/3;
    }
```

```
fp=fopen("jk16score.bin","rb+");                    //以 rb+方式打开二进制文件 jk16score.txt
if(fp==NULL)
{
    printf("文件不存在，创建新文件\n");
    fp=fopen("jk16score.bin","wb+");
    //以 wb+方式打开二进制文件 jk16score.txt
}
fseek(fp,0L,SEEK_END);                              //移动位置指针到文件尾
for(i=0;i<2;i++)
{
fwrite(&stu[i],sizeof(student),1,fp);
//从&stu[i]开始向 fp 中写入 1 个学生大小的数据
}
printf("请输入要修改的学生学号\n");
scanf("%s",stuno);
rewind(fp);                                         //位置指针回退到文件首
i=0;
while(fread(&stu[i],sizeof(student),1,fp))
//从 fp 文件读取一块学生大小的数据
{
    if(0==strcmp(stu[i].no,stuno))
//比较查找学号是否和从文件中读出的学号一样
    {
      stu[i].ave=0;
      printf("输入修改的成绩\n");
      scanf("%d%d%d",&stu[i].score[0],&stu[i].score[1],&stu[i].score[2]);
      for(j=0;j<3;j++)
          stu[i].ave+=(float)stu[i].score[j];
      stu[i].ave=stu[i].ave / 3;
      fseek(fp,-(long)sizeof(student),SEEK_CUR);    //回退指针
      fwrite(&stu[i],sizeof(student),1,fp);         //将更新的数据写入文件
      flag=1;                                       //设置按学号查找到了该学生标志
      break;
    }
    i++;
}
if(!flag)                                           //如果没有找到学生
{
    printf("学生不存在，添加新学生相关成绩\n");
    scanf("%d%d%d",&stu[i].score[0],&stu[i].score[1],&stu[i].score[2]);
```

```
            stu[i].ave = 0;
            for(j=0;j<3;j++)
                stu[i].ave+=(float)stu[i].score[j];
            stu[i].ave=stu[i].ave/3;
            strcpy(stu[i].no,stuno);
            printf("新添加学生信息为：\n");
            fwrite(&stu[i],sizeof(student),1,fp);
        }
        fseek(fp,0L,SEEK_SET);
        i=0;
        printf("所有学生信息：\n");
        while(fread(&stu[i],sizeof(student),1,fp))      //从文件中读到数据
        {
            fprintf(stdout,"%s %d %d %d %.0f\n",stu[i].no,stu[i].score[0],stu[i].score[1],
                stu[i].score[2],stu[i].ave);                  //输出到屏幕文件中即显示数据
            i++;
        }
        fclose(fp);
    }
```

读者一定要多进行上机操作，并分析程序运行结果。

本章小结

通过本章的文件概述，读者应了解文件的特点，知道设备文件指针，理解文件读取过程；了解结构体文件类型 FILE 的属性，理解 FILE 类型指针变量的作用和使用方法；理解文件类型 FILE 指针与文件内位置指针的区别，即 FILE 类型指针指向所操作的文件，位置指针指向文件内部数据；熟练掌握文件操作步骤，即打开文件→读写文件→关闭文件；掌握操作文件的相关函数的用法。

练习题

一、选择题

1．C 语言中，文件的存储类型有（　　）。

A．文本文件和数据文件

B．文本文件和二进制文件

C．数据文件和二进制文件

D．数据代码文件

2．下列关于 rewind()函数的说法中，正确的是（　　）。

A．使位置指针重新返回到文件的开头

B．将位置指针指向文件中所要求的特定位置

C．使位置指针指向文件的末尾

D．使位置指针自动移到下一个字符位置

3．在C语言程序中，可以将数据以二进制形式存放到文件中的函数是（　　）。

A．printf()　　　　B．fread()

C．fwrite()　　　　D．fputc()

4．关于fseek(fp,-20,2)的含义，下列描述正确的是（　　）。

A．将文件位置指针移到距离文件头20个字节处

B．将文件位置指针从当前位置向后移动20个字节

C．将文件位置指针从文件末尾处后退20个字节

D．将文件位置指针移到距离当前位置20个字节处

5．C语言中标准输入文件是指（　　）。

A．键盘　　　　B．显示器

C．打印机　　　　D．硬盘

6．C语言中用于关闭文件的库函数是（　　）。

A．fseek()　　　　B．fopen()

C．fclose()　　　　D．rewind()

6．假设fp为文件指针并已指向了某个文件，在没有遇到文件结束标志时，函数feof(fp)的返回值为（　　）。

A．0　　　　B．1

C．-1　　　　D．一个非0的值

7．在函数 fopen()中使用“a+”方式打开一个已经存在的文件，以下叙述正确的是（　　）。

A．文件打开时，原有文件内容不被删除，位置指针移动到文件末尾，可进行追加和读操作

B．文件打开时，原有文件内容不被删除，位置指针移动到文件首，可进行重写和读操作

C．文件打开时，原有文件内容被删除，只可进行写操作

D．以上三种说法都不正确

8．以下程序的运行结果是（　　）。

```
#include<stdio.h>
#include<stdlib.h>
void main()
{    int i,n;
     FILE *fp;
     if((fp=fopen("temp","w+"))==NULL)
     {    printf("Can not create file.\n");
          exit(0);
     }
     for(i=1;i<=10;i++)
```

```
            fprintf(fp,"%3d",i);
        for(i=0;i<5;i++)
        {
            fseek(fp,i*6L,SEEK_SET);
            fscanf(fp,"%d",&n);
            printf("%3d",n);
        }
        printf("\n");
        fclose(fp);
    }
```

A. 1 3 5 7 9　　B. 2 4 6 8 10

C. 3 5 7 9 11　　D. 1 2 3 4 5

二、编程题

1. 从键盘上输入一个字符串，最后以“#”结束。设计一个程序，要求将字符串中的小写字母全部转为大写字母，并把转换后的字符串全部保存到一个名为“upper.txt”的文本文件中。

2. 假设学生信息包括学号、姓名、理论成绩、实践成绩、总成绩等字段，并且全班人数不超过 100 人。编写程序，分别输入学生的学号、姓名、理论成绩和实践成绩，计算该生的总成绩(即理论成绩与实践成绩之和)，并将所有的数据保存到一个名为“class.txt”的文本文件中。

第一章

一、选择题

1. A 2. C 3. C 4. A 5. B

二、简答题

答：（1）简洁紧凑、灵活方便。C 语言一共只有 32 个关键字、9 种控制语句，程序书写自由，主要用小写字母表示。（2）运算符丰富。C 语言的运算符包含的范围很广泛，共有 34 个运算符。（3）数据结构丰富。C 语言的数据类型有：整型、实型、字符型、数组类型、指针类型、结构体类型、共用体类型等。（4）C 语言是结构式语言。结构式语言的显著特点是代码及数据的分隔化,即程序的各个部分除了必要的信息交流外彼此独立。（5）C 语言的语法限制不太严格，程序设计自由度大。一般的高级语言的语法检查比较严，能够检查出几乎所有的语法错误。（6）C 语言允许直接访问物理地址，可以直接对硬件进行操作。（7）C 语言程序生成代码质量高，程序执行效率高，一般只比汇编程序生成的目标代码效率低 10%～20%。（8）C 语言适用范围大，可移植性好。

2．答：一个完整的 C 语言程序可以由一个或多个源文件组成。每个源文件由函数、编译预处理命令以及注释三部分组成。编译预处理命令：程序中每个以“#”号开头的命令行，均是编译预处理命令，一般放在程序的最前面。不同的编译预处理命令完成不同的功能。函数：一个完整的 C 语言程序可以由一个或多个函数组成，其中主函数 main()必不可少，且只能有一个主函数。注释：注释不是程序部分，在程序执行时不起任何作用，其作用是增加程序的可读性，方便别人的阅读或自己回顾。

3．答：（1）编辑。为了编辑 C 语言源程序，需要利用编辑器创建一个 C 语言程序的源文件。该文件以文本的形式存储在磁盘上，文件的扩展名为“.c”。（2）编译。将上一步形成的源程序文件作为编译程序的输入，进行编译，生成目标程序，目标程序文件的扩展名为

“.obj”。（3）连接。编译生成的目标程序机器可以识别，但不能直接执行，由于程序中使用到一些系统库函数，还需将目标程序与系统库文件进行连接，经过连接后，生成一个完整的可执行程序，可执行程序的扩展名为“.exe”。（4）运行。可执行文件生成后就可以执行了。若执行的结果达到预期，则说明程序编写正确，没有语法、句法错误。否则，说明程序在设计上有错误，需要修改源程序并重新编译、连接和运行，直至将程序调试正确为止。

第二章

一、选择题

1. A 2. C 3. A 4. D 5. C 6. A

二、编程题

（1）首先找出最小值 a，然后找出最大值 c，b 必然是中间值，即 a,b,c 按从小到大的顺序排列。

具体操作步骤如下：

第一步: 输出 3 个整数 a，b，c。

第二步：将 a 与 b 比较，并把大者赋给 b，把小者赋给 a。

第三步：将 a 与 c 比较，并把大者赋给 c，把小者赋给 a，此时 a 已是三者中最小的。

第四步：将 b 与 c 比较，并把大者赋给 c，把小者赋给 b，此时 a，b，c 已按从小到大的顺序排列好。

第五步：按顺序输出 a，b，c。

流程图如图所示。

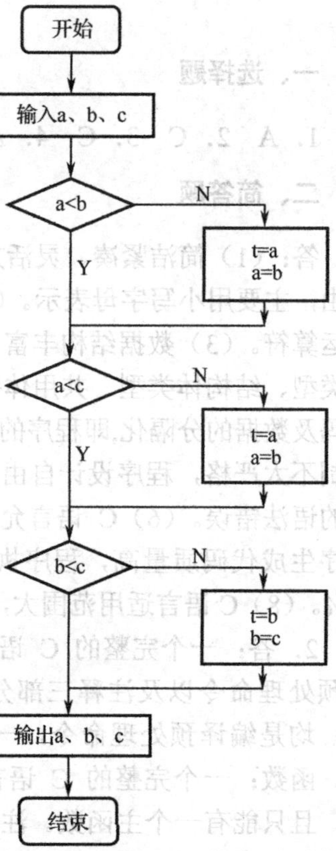

（2）算法：

S1：定义变量 cocks，hens，chicks。

S2：为 cocks 赋初值 cocks=0。

S3：判断 cocks<=20 成立，执行 S4,否则执行结束。

S4：计算 hens=(200-14*cocks)/+8。

S5：判断 0=<hens<=40。

S6：chicks=100-hens-cocks。

S7：输出 cocks，hens，chicks。

S8：cocks++；转到 S3。

第三章

一、选择题

1. A 2. A 3. D 4. B 5. A

二、编程题

1．程序如下:

```
#include<stdio.h>
void main()
{
int i;
scanf("%d",&i);
if(i%2==0)
printf("%d 是偶数",i);
else
printf("%d 是奇数",i);
}
```

2．程序如下:

```
#include<stdio.h>
void main()
{
int i;
for(i=100; i<200; i++)
if((i%7)==2)
printf("%d\n",i);
}
```

3．程序如下:

```
#include<stdio.h>
void main()
{
    int i=0,a=2;
    float M,sum=0;
    float ave;
    while(a<=100)
    {
        i++;
        M=a*0.8;
        sum+=M;
        a=2*a;
    }
    ave=sum/i;
    printf("%.2f\n",ave);
}
```

4．程序如下:

```
#include<stdio.h>
```

```
void main()
{
int sum=0, n=1, jc=1;
    while(sum<10000)
        {
            jc=n*n;
            sum+=jc;
            n++;
        }
        printf("%d",n-1);
}
```

5．程序如下:

```
#include<stdio.h>
void main()
{
int num,i;
printf("please input a num:");
scanf("%d",&num);
printf("%d=",num);
for(i=2; i<=num; i++)
while(num%i==0)
    {
    num/=i;
    if (num==1)
    printf("%d*",i);
      else
      printf("%d*",i);
  }
}
```

6．程序如下:

```
#include<stdio.h>
void main()
{
int i,n;
float a=1,sum=1;
printf("请输入 n：");
scanf("%d",&n);
for( i=1;i<=n;i++)
{ a=a*i;
sum=sum+1/a;
}
  printf("sum=%f",sum);
printf("\n");
}
```

第四章

一、选择题

1．A　2．C　3．B　4．D　5．C

二、编程题

1．程序如下：

```
#include <stdio.h>
void main()
{int a[10],b[10],i;
printf("请输入 10 个数：\n");
for(i=0;i<10;i++)
scanf("%d",&a[i]);
for(i=0;i<10;i++)
b[i]=a[9-i];
printf("逆序输出 10 个数：\n");
for(i=0;i<10;i++)
printf("%d ",b[i]);
}
```

2．程序如下:

```
#include <stdio.h>
void main()
{
int a[10],i,temp,min;
printf("请输入 10 个数：\n");
for(i=0;i<10;i++)
scanf("%d",&a[i]);
min=a[0];
for(i=1;i<10;i++)
{
if(min>a[i])
{
temp=a[i];
a[i]=min;
min=temp;
}
}
a[0]=min;
```

```
printf("%d",a[0]);
}
```

3．程序如下：

```
#include <stdio.h>
void main()
{
int a[10],i,min,max;
printf("请输入 10 个数：\n");
for(i=0;i<10;i++)
scanf("%d",&a[i]);
min=max=a[0];
for(i=1;i<10;i++)
{
if(min>a[i])
min=a[i];
else if(max<a[i])
max=a[i];
}
printf("最大值为%d 最小值为%d",max,min);
}
```

4．程序如下：

```
#include <stdio.h>
void main()
{
    int a[3][3];
    int sum=0,i,j,k;
    for(i=0;i<3;i++)
        for(j=0;j<3;j++)
        scanf("%d",&a[i][j]);
    for(i=0;i<3;i++)sum=sum+a[i][i];
printf("对角线和是:%d\n",sum);
}
```

第五章

一、选择题

1．B　2．A

二、编程题

1．程序如下：

```
#include<stdio.h>
    long fib(int n)
     { if(n==1 || n==2) return 1;
      return fib(n-1)+fib(n-2);
     }
void main()
{ int i,n;
  printf("Enter the item n : ");
  scanf("%d",&n);
  for(i=1;i<=n;i++)
  {
  printf("%5d",fib(i));
  if(i%5==0) printf("\n");
}
}
```

2. 程序如下：

```
#include<stdio.h>
#include<string.h>
void strlink(char string1[],char string2[])
{
      char string3[60];
      int i=0,j;
      while(string1[i]!='\0')
      {
            string3[i]=string1[i];
            i++;
      }
      j=i;
      i=0;
      while(string2[i]!='\0')
      {
            string3[j]=string2[i];
            j++;
            i++;
      }
      string3[j]='\0';
      printf("%s",string3);
}
void main()
{
```

```
char str1[30],str2[30];
scanf("%s%s",str1,str2);
strlink(str1,str2);
}
```

3．程序如下：

```
#include<stdio.h>
#define max(a,b,c)
float fun(float a,float b,float c)
{
      float max=0;
      if(a>b)
        max=a;
      else
        max=b;
if(a>c)
        max=a;
      else
        max=c;
      if(b>c)
        max=b;
      else
        max=c;
      return max;
}
main()
{
       float a,b,c,max;
       scanf("%f%f%f",&a,&b,&c);
       max=fun(a,b,c);
printf("%f",max);
}
```

第六章

一、选择题

1．D　2．D　3．B　4．D　5．A

6．C　7．B　8．C　9．D　10．D

二、编程题

程序如下：

```
#include<stdio.h>
#include<string.h>
#define N 5
int convertmatrix(int m[N][N])
{
  int i,j,temp;
  for(i=0;i<N;i++)
  {
    for(j=i+1;j<N;j++)
    {
      temp=m[i][j];
      m[i][j]=m[j][i];
      m[j][i]=temp;
    }
  }
  return 0;
}
int main()
{
  int matrix[N][N];
  int i,j;
  printf("请输入一个%d*%d 的矩阵:\n",N,N);
  for(i=0;i<N;i++)
  {
    for(j=0;j<N;j++)
    {
      scanf("%d",&matrix[i][j]);
    }
  }
  convertmatrix(matrix);
  for(i=0;i<N;i++)
  {
    for(j=0;j<N;j++)
    {
      printf("%-3d",matrix[i][j]);
    }
    printf("\n");
  }
  return 0;
}
```

第七章

一、选择题

1. D　2. B　3. A　4. D　5. B　6. D　7. B

二、编程题

1. 程序如下：

```
#include<stdio.h>
//定义结构体类型日期结构类型 birthday
typedef struct day
{
    int year;
    int month;
    int date;
}day;
int DateIsDay(struct day today)
{
    int daycount;
    switch(today.month)
    {
    case 1:
        daycount=today.date;
        break;
    case 2:
        daycount=31+today.date;
        break;
    case 3:
        daycount=31+28+today.date;
        break;
    case 4:
        daycount=31+28+31+today.date;
        break;
    case 5:
        daycount=31+28+31+30+today.date;
        break;
    case 6:
        daycount=31+28+31+30+31+today.date;
        break;
```

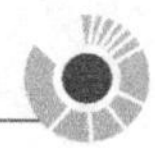

```
        case 7:
            daycount=31+28+31+30+31+30+today.date;
            break;
        case 8:
            daycount=31+28+31+30+31+30+31+today.date;
            break;
        case 9:
            daycount=31+28+31+30+31+30+31+31+today.date;
            break;
        case 10:
            daycount=31+28+31+30+31+30+31+31+30+today.date;
            break;
        case 11:
            daycount=31+28+31+30+31+30+31+31+30+31+today.date;
            break;
        case 12:
            daycount=31+28+31+30+31+30+31+31+30+31+30+today.date;
            break;
        }
        if((today.year % 400==0)||(today.year % 4==0 && today.year % 100 != 0))
        {
            daycount++;
        }
        return daycount;
    }
    int main()
    {
        day today;
        printf("请输入判断的日期(年-月-日)：\n");
        scanf("%d-%d-%d",&today.year,&today.month,&today.date);
    printf("%d-%d-%d 是 %d 年的第 %d 天 \n",today.year,today.month,today.date,today.year,DateIsDay
(today));
        return 0;
    }
```

2．程序如下：

```
    #include<stdio.h>
    typedef struct complex
    {
        float real;                //实部
        float imaginary;           //虚部
```

```
}complex;                                //定义结构体类型 complex 类型表示复数
int main()
{
    complex complex1,complex2,sum,product;
    printf("请输入两个复数实部+虚部 i\n");
    scanf("%f + %fi",&complex1.real,&complex1.imaginary);
    scanf("%f + %fi",&complex2.real,&complex2.imaginary);
    sum.real=complex1.real+complex2.real;
    sum.imaginary=complex1.imaginary+complex2.imaginary;
    product.real=complex1.real * complex2.real-complex1.imaginary * complex2.imaginary;
    product.imaginary=complex1.real * complex2.imaginary+complex2.real * complex1.imaginary;
    printf("和为%.1f + %.1fi\n",sum.real,sum.imaginary);
    printf("积为%.1f + %.1fi\n",product.real,product.imaginary);
    return 0;
}
```

3．程序如下：

（1）能管理借书登记工作（可根据借书名判断书籍是否借出）。

```
#include<stdio.h>
#include<string.h>
typedef struct day
{
    int year;
    int month;
    int date;
}day;
typedef struct book
{
    char bookname[30];
    char borrowname[8];
    day borrowday;
}book;
void main()
{
    int i,n=0;
    book book1[100];
    char bname[30];
    printf("请输入借书信息：\n");
    do
    {
        scanf("%s",book1[n].bookname);
```

```
            scanf("%s",book1[n].borrowname);
            scanf("%d%d%d",&book1[n].borrowday.year,&book1[n].borrowday.month,&book1[n].
borrowday.date);
            n++;
            printf("继续借书吗(Y/N):");
            fflush(stdin);
        }while(getchar()=='Y');
        printf("请输入借书名:\n");
        scanf("%s",bname);
        for(i=0;i<= n-1; i++)
        {
            if(strcmp(bname,book1[i].bookname)==0)
            {
                printf("%s 已借出\n",bname);
                break;
            }
        }
        if(i==n)
          printf("%s 没有借出\n",bname);
    }
```

（2）能显示所有已借书的情况。

```
    #include<stdio.h>
    #include<string.h>
    typedef struct day
    {
        int year;
        int month;
        int date;
    }day;
    typedef struct book
    {
        char bookname[30];
        char borrowname[8];
        day borrowday;
    }book;
    void main()
    {
        int i,n=0;
        book book1[100];
```

```
        printf("请输入借书信息：\n");
        do
        {
            scanf("%s",book1[n].bookname);
            scanf("%s",book1[n].borrowname);
            scanf("%d%d%d",&book1[n].borrowday.year,&book1[n].borrowday.month,&book1[n].
borrowday.date);
            n++;
            printf("继续借书吗(Y/N):");
            fflush(stdin);
        }while(getchar()=='Y');
        printf("借出去的图书信息：\n");
        for(i=0;i<= n-1; i++)
        {
            printf("%s\n",book1[i].bookname);
        }
    }
```

4．程序如下：

```
    #include<stdio.h>
    #define N 2
    typedef struct student
    {
        char no[12];
        char name[8];
        int score[3];
        int sum;
        int avg;
    }student;
    void main()
    {
        int i,max=0,maxno,j;
        student stu[N];
        printf("请输入学生信息\n");
        for(i=0;i<N; i++)
        {
            stu[i].sum=0;
            scanf("%s%s%d%d%d",stu[i].no,stu[i].name,&stu[i].score[0],&stu[i].score[1],&stu[i].
score[2]);
            for(j=0;j<3;j++)
            {
```

```
                stu[i].sum+=stu[i].score[j];
            }
            stu[i].avg=stu[i].sum/3;
            if(max<stu[i].avg)
            {
                max=stu[i].avg;
                maxno=i;
            }

        }
        printf("学号\t 姓名\t 成绩一\t 成绩二\t 成绩三\t 平均成绩\n");
        for(i=0;i<N; i++)
        {
            printf("%s\t%s\t%d\t%d\t%d\t%d\n",stu[i].no,stu[i].name,stu[i].score[0],stu[i].score[1],stu[i].
score[2],stu[i].avg);
        }
        printf("最高分学生信息\n 学号\t 姓名\t 成绩一\t 成绩二\t 成绩三\t 平均成绩\n");
        printf("%s\t%s\t%d\t%d\t%d\t%d\n",stu[maxno].no,stu[maxno].name,stu[maxno].score[0],stu[max
no].score[1],stu[maxno].score[2],stu[maxno].avg);
    }
```

第八章

一、选择题

1. B 2. A 3. C 4. C 5. A 6. C 7. A 8. A

二、编程题

1. 程序如下：

```
    #include<stdio.h>
    void main()
    {
        FILE *fp;
        char str[30];
        int i=0;
        gets(str);
        while(str[i] != '#')
        {
            if(str[i]>=97 && str[i]<=122)
            {
```

```
                str[i]-=32;
            }
            i++;
        }
        fp=fopen("upper.txt","w+");
        fputs(str,fp);
    }
```

2．程序如下：

```
#include<stdio.h>
#define N 2
typedef struct student
{
    char no[12];
    char name[8];
    int tscore;
    int pscore;
    int sscore;
}student;
void main()
{
    FILE *fp;
    student stu[N];
    int i;
    fp=fopen("class.txt","w+");
    fprintf(fp,"学号 姓名 理论成绩 实践成绩 总成绩\n");
    for(i=0;i<N;i++)
    {
        scanf("%s%s%d%d",stu[i].no,stu[i].name,&stu[i].tscore,&stu[i].pscore);
        stu[i].sscore = stu[i].tscore+stu[i].pscore;
        fprintf(fp,"%s %s %d %d %d\n",stu[i].no,stu[i].name,
            stu[i].tscore,stu[i].pscore,stu[i].sscore);

    }
}
```

参 考 文 献

[1] 罗坚，王声决. C 语言程序设计实验教程[M]. 北京：中国铁道出版社，2014.
[2] 胡元义，吕林涛. C 语言实用教程[M]. 大连：大连理工大学出版社，2014.
[3] 杨杰，万李. C 语言程序设计基础[M]. 吉林：吉林大学出版社，2014.
[4] 苏小红，孙志岗，陈惠鹏. C 语言大学实用教程[M]. 北京：电子工业出版社，2012.
[5] 丁亚涛，袁琴. C 语言程序设计[M]. 北京：高等教育出版社，2014.

参考文献

[1] 罗坚，王声决. C语言程序设计实验教程[M]. 北京：中国铁道出版社，2014.

[2] 胡元义，吕林涛. C语言实用教程[M]. 大连：大连理工大学出版社，2014.

[3] 杨杰，万李. C语言程序设计基础[M]. 吉林：吉林大学出版社，2014.

[4] 苏小红，孙志岗，陈惠鹏. C语言大学实用教程[M]. 北京：电子工业出版社，2012.

[5] 丁亚涛，袁琴. C语言程序设计[M]. 北京：高等教育出版社，2014.